经典战舰

西风 编著

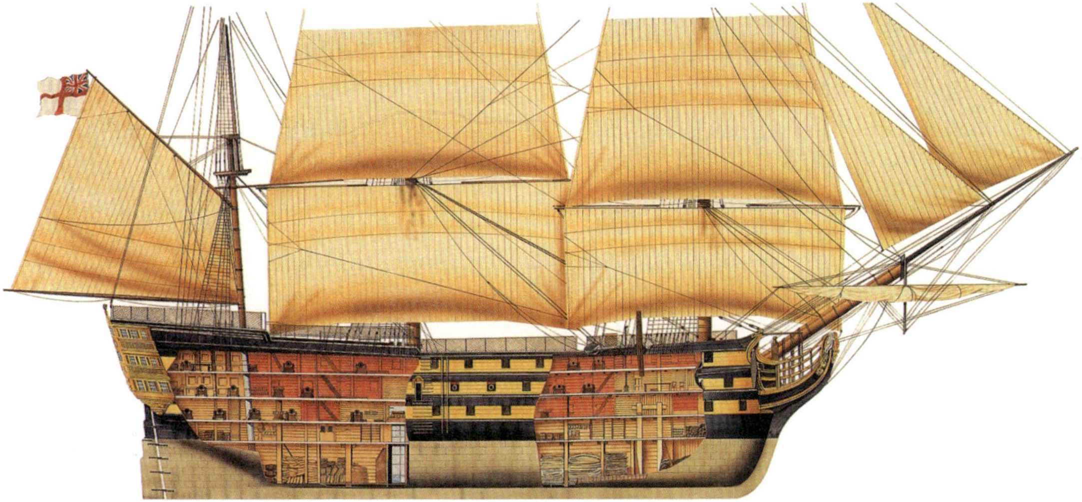

中国市场出版社
China Market Press

图书在版编目（CIP）数据

经典战舰/西风编著. —北京：中国市场出版社，2014.1

ISBN 978-7-5092-1011-6

Ⅰ.①经… Ⅱ.①西… Ⅲ.①战舰—介绍—世界 Ⅳ.①E925.6

中国版本图书馆CIP数据核字（2013）第114399号

出版发行 中国市场出版社

社　　址 北京月坛北小街2号院3号楼　**邮政编码** 100837

出版发行 编 辑 部（010）68034190　读者服务部（010）68022950

发 行 部（010）68021338　68020340　68053489

68024335　68033577　68033539

总 编 室（010）68020336

盗版举报（010）68020336

邮　　箱 1252625925@qq.com

经　　销 新华书店

印　　刷 北京九歌天成彩色印刷有限公司

规　　格 230毫米×170毫米　16开本　**版　　次** 2014年1月第1版

印　　张 13　**印　　次** 2014年1月第1次印刷

字　　数 187千字　**定　　价** 58.00元

目录

水面其他战舰 139

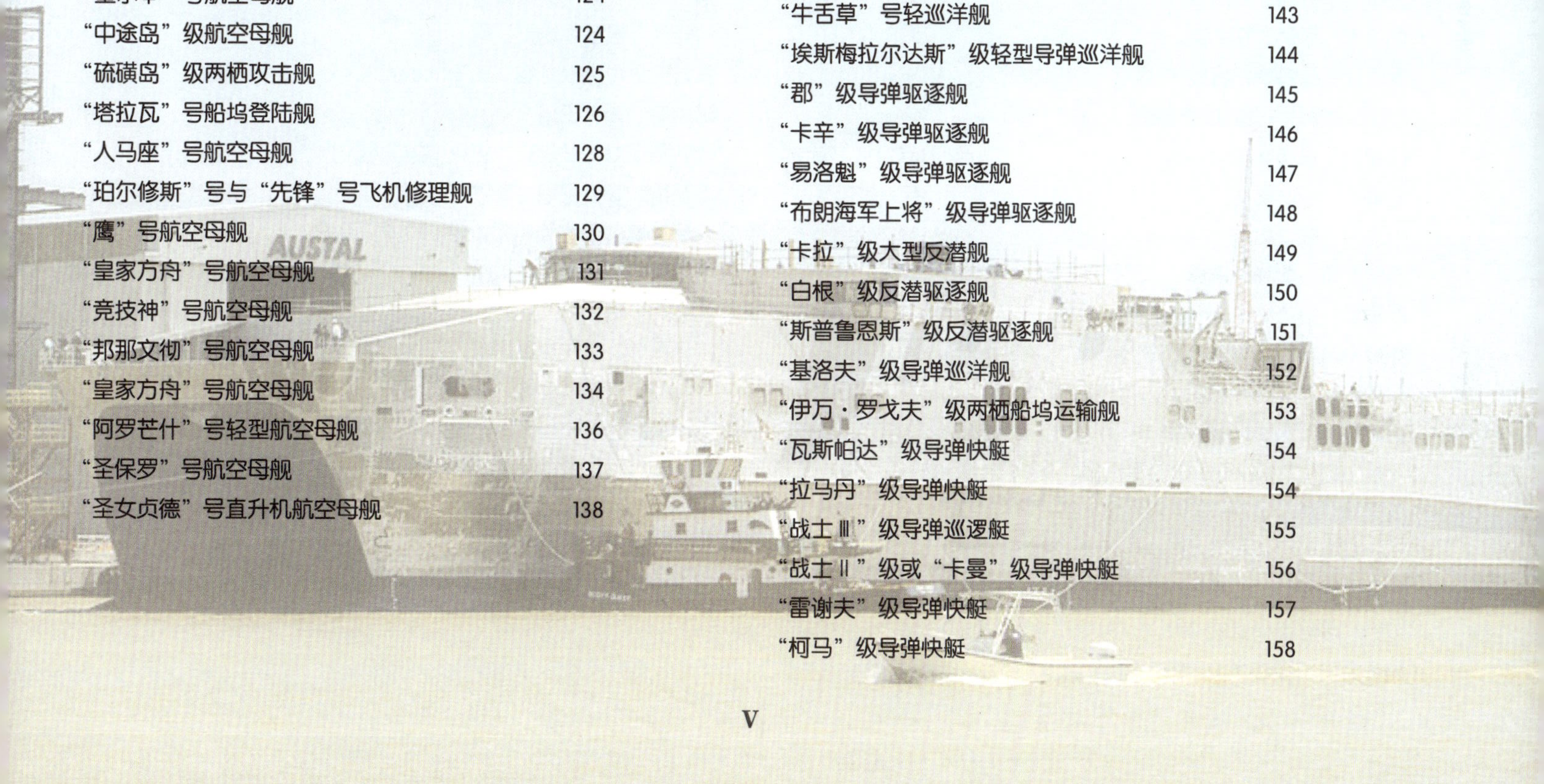

风帆战舰

在海天交界处，一艘艘装饰精美、华丽气派的战舰扬帆前进，构成了一幅幅富丽堂皇而又令人望而生畏的画面。

“亨利·格雷斯·戴尤”号风帆战舰

英王亨利八世是世界上第一位真正的海军规划者，他第一个设计出有着特定建造目标且装备精良的战舰。亨利八世建造了“玛丽·罗斯”号、“彼得·波米格莱尼特”号以及“亨利·格雷斯·戴尤”号，后者又名“亨利大帝”号，排水量1016吨，是当时最强大的海上战舰。它于1514年建成下水，用于替代1512年英法战争中损失的“摄政王”号。

生产国：英国	舰长：未知
武器装备：21门青铜重炮，130门铸铁火炮	舰宽：未知
排水量：1016吨（1000长吨）（大约）	动力装置：风帆
	航速：4节（大约）
	人员编制：350人（大约）

“皇家方舟”号风帆战舰

14世纪80年代伊丽莎白女王获悉西班牙无敌舰队的入侵计划之后，立即下令对海军力量进行扩充。1586年，英国新建成11艘战舰，紧接着在1587年又建成2艘。这些战舰包括“前卫”号、“彩虹”号和“皇家方舟”号，每艘排水量均超过406吨。后来在抗击西班牙无敌舰队的战役中，“皇家方舟”号担任霍华德勋爵率领的英国舰队的旗舰。它最初曾担任过沃尔特·罗利爵士的旗舰。

生产国：英国	舰宽：13.1米（43英尺）
武器装备：54门铸铁火炮（大约）	动力装置：风帆
排水量：813吨（800长吨）	航速：7节（大约）
舰长：88.7米（291英尺）	人员编制：300人（大约）

“胜利”号风帆战舰

英国皇家海军“胜利”号战舰。在1805年的特拉法尔加战役中，海军上将纳尔逊勋爵英勇战死在该艘战舰上，并因此赢得了永远的荣光。在他死后，英国举国上下为他哀悼。

生产国：英国
武器装备：100门火炮
排水量：3556吨（3500长吨）
舰长：69米（226英尺）
舰宽：15.5米（51英尺）
动力装置：风帆
航速：10节
人员编制：873人

“圣·马丁”号风帆战舰

生产国：西班牙
武器装备：18门大口径火炮，20门小口径火炮（大约）
排水量：1016吨（1000长吨）（大约）
舰长：37.3米（122英尺4英寸）
舰宽：9.3米（30英尺6英寸）
动力装置：风帆
航速：6节（大约）
人员编制：150人（大约）

强大的西班牙“圣·马丁”号战舰。在1588年西班牙国王腓力二世派遣无敌舰队入侵英国的行动中，担任旗舰冲锋在前。在无敌舰队的130余艘舰船中，最后只有67艘安全返回西班牙。

“圣特立尼达”号风帆战舰

在特拉法尔加战役中，法西联合舰队中，法国战舰18艘，西班牙战舰15艘。极具威力的“圣特立尼达”号担任西班牙舰队旗舰，该舰共装备130门火炮。英国纳尔逊勋爵麾下只有27艘战舰，包括3艘100门火炮战舰、4艘98门火炮战舰、1艘80门和3艘64门火炮战舰，其余均为74门火炮战舰。后被英国舰队彻底击溃，伤痕累累的法国旗舰“布森陶尔”号随后投降，包括舰队司令维尔纳夫在内的法国舰员全部做了俘虏。“圣特立尼达”号等另外18艘敌舰也纷纷降旗投降，

生产国：西班牙
武器装备：130门火炮
排水量：4572吨（4500长吨）
舰长：61.2米（200英尺）
舰宽：19.2米（62英尺9英寸）
动力装置：风帆
航速：7节
人员编制：1000人（大约）

“海上君主”号风帆战舰

1637年，查理一世下令建造“海上君主”号战舰，在当时，它是英国有史以来所建造的最大战舰。其3层甲板上共安装了100多门火炮，这使它成为世界上第一艘3层甲板战舰。它的舰体装饰了精美的雕刻和华丽的图案，看起来极其富丽堂皇、奢华气派。“海上君主”号的战斗甲板后来减少为2层。1660年英国斯图亚特王朝复辟以后，它被更名为“皇家君主”号。

生产国：英国
武器装备：100门火炮
排水量：1663吨（1637长吨）
舰长：38.7米（127英尺）
舰：14.2米（46英尺6英寸）
动力装置：风帆
航速：7节（大约）
人员编制：250人（大约）

战列舰

19世纪，第一种根据现代战舰基本设计原理研发的战舰——装甲舰问世了，昭示了一个工业革命时期的新海战时代的到来。19世纪临近尾声的时候，帝国主义发展到了它的最高峰，世界各海军强国急需发展新型、快速及拥有良好装甲防护的战列舰来保护属地。在20世纪开始时，一种新型战舰——“无畏”级战列舰应运而生。

“光荣”号铁甲舰

“光荣”号虽然是世界上首艘铁甲舰，但“光荣”号并未长久“光荣”：且不说设计更加先进、采用全蒸汽动力的新舰已把“光荣”号远远抛在身后，单是木质构件的迅速糟朽便已注定了该舰享年不永，最终，“光荣号”不得不早早地在拆船厂了此残生。

生产国：英国
武器装备：130门火炮
排水量：4572吨（4500长吨）
舰长：61.2米（200英尺）
舰宽：19.2米（62英尺9英寸）
动力装置：蒸汽/风帆
航速：7节
人员编制：570人

“勇士”号远洋装甲舰

1859年，英国人建成了“勇士”号战舰，是第一艘使用铁质舰体的装甲战列舰，在457毫米（18英寸）的柚木衬底上加装了114毫米（4.5英寸）的熟铁装甲。刚开始，它装备了许多不同口径的后膛炮，但由于后膛式机械装置容易出现失灵，会给炮手们带来灾难性的后果，于是在1867年，其武器装备改为28门178毫米（7英寸）、4门203毫米（8英寸）的前装炮。1861年，她的姊妹舰“黑王子”号建成下水。

生产国：英国
武器装备：10门100磅火炮，4门70磅火炮，26门68磅火炮
排水量：9358吨（9210长吨）
舰长：115.8米（380英尺）
舰宽：17.8米（58英尺4英寸）
动力装置：单螺旋桨，蒸汽机
航速：13节（风帆动力），14节（蒸汽动力）
人员编制：707人

“蹂躏者”号远洋装甲舰

1868年，英国开始建造第一艘完全依靠蒸汽动力推进的远洋战舰“蹂躏者”号。1873年，“蹂躏者”号建成，在舰船炮塔上共配置了4门305毫米（12英寸）口径前装炮，动力装置由直接式发动机直接驱动，同时还包括8台矩形锅炉和2具螺旋桨。其姊妹舰是“怒喝者”号。

生产国：英国
武器装备：4门305毫米（12英寸）口径主炮
排水量：9480吨（9330长吨）
舰长：87米（285英尺）
舰宽：20米（65英尺3英寸）
动力装置：双螺旋桨
航速：13.8节
人员编制：358人

“科林伍德”号战列舰

英国皇家海军“科林伍德”号战舰于1880年开工建造，4门主炮分别配置在舰首和舰尾的2座双联装炮塔之上。这项炮塔技术最初由法国人所发展，它可以绕着一条垂直旋转轴转动，从而保证火炮的全方位射击能力。早期的炮塔由于缺乏头顶保护装置，火炮通过一堵低装甲胸墙进行射击，这给炮手和大炮带来了很大危险，但这一缺陷随后就得到了弥补。

生产国：英国	舰长：99米（324英尺10英寸）
武器装备：4门305毫米（12英寸）口径主炮，6门152毫米（6英寸）口径副炮	舰宽：21米（68英尺）
排水量：9652吨（9500长吨）	动力装置：双螺旋桨，往复式发动机
	航速：17节
	人员编制：498人

“杜伊里奥”号战列舰

19世纪70年代，意大利制造出了当时世界上规模最大、速度最快、火力最猛烈的战舰。工程师本尼德托·布赖恩所设计的赫赫有名的“杜伊里奥”级战舰，其4门主炮分别配置在2座双联装炮塔之上，口径高达457毫米，由英国阿姆斯特朗公司生产，每门重101.6吨。“杜伊里奥”号于1876年下水，并于1880年最终建成。其姊妹舰“丹多洛”号于1878年7月下水，最终于1882年4月建成。

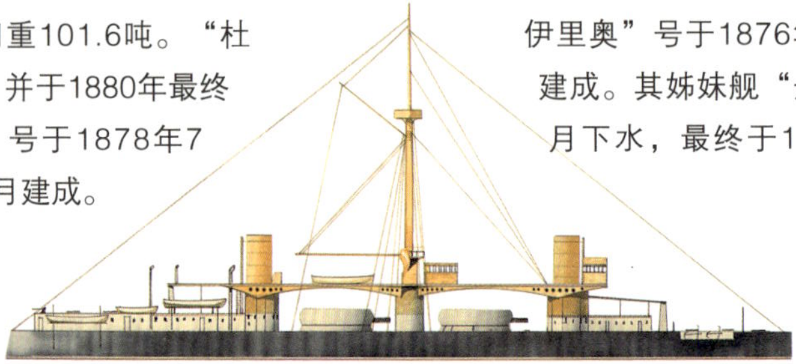

生产国：意大利	舰宽：19.7米（64英尺8英寸）
武器装备：4门457毫米（18英寸）主炮	动力装置：双螺旋桨，垂直往复式发动机
排水量：11317吨（11138长吨）	航速：15节
舰长：109米（358英尺2英寸）	人员编制：420人（后改为515人）

“皇家君主”号战列舰

“皇家君主”级战列舰，该级战列舰共8艘，它们分别是：“皇家君主”号、“印度皇帝”号、“拉米伊”号、“反击”号、“决心”号、“复仇”号、“皇家橡树”号和“胡德”号。“皇家君主”级战列舰在设计上取得了很大的成功，它们在速度上要比同时代任意一艘战列舰都要快。

“缅因”号战列舰

1888年，美国根据外国的舰船设计建造了第一批“得克萨斯”号和“缅因”号2艘战列舰，事实上，它们最多只能称得上是装甲巡洋舰，其武备系统由2门305毫米（12英寸）口径主炮和4门250毫米（10英寸）口径副炮组成。“缅因”号于1888年开工，1895年9月建成。1898年2月15日，“缅因”号在哈瓦那港发生爆炸后沉没，舰上260名官兵丧生，这一事件最终引发了美国与西班牙之间的战争。在当时，人们普遍认为这一爆炸是由人为的蓄意破坏所致，直到后来才查明事件的确切原因——煤气爆炸导致了“缅因”号的沉没。

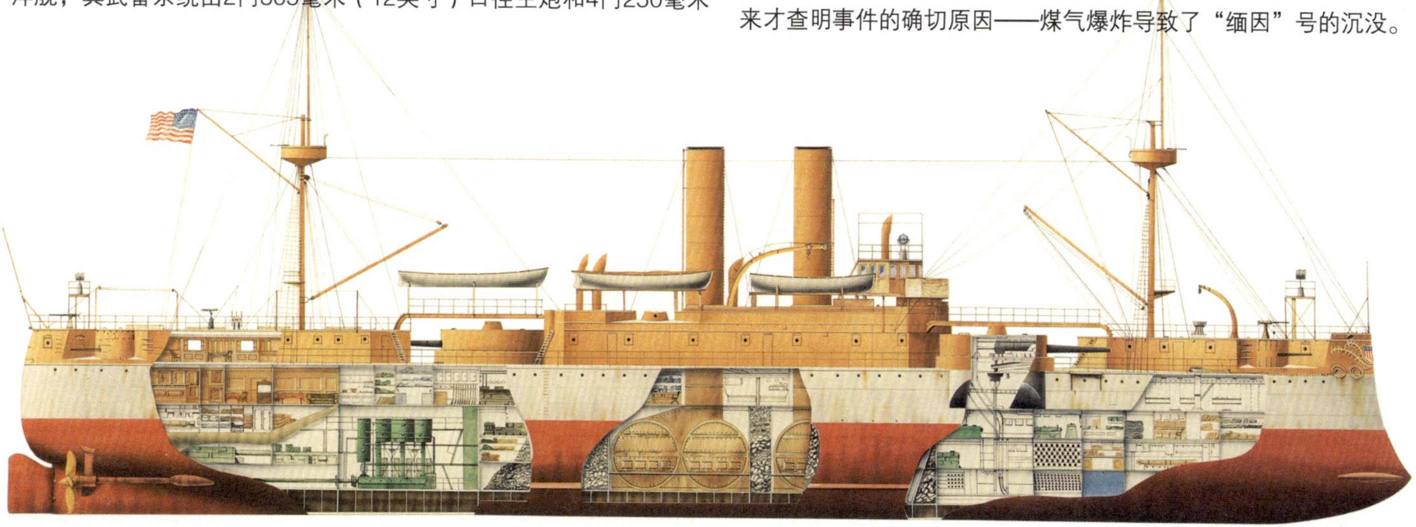

生产国：英国
武器装备：4门343毫米（13.5英寸）口径主炮，10门152毫米（6英寸）口径副炮
排水量：14377吨（14150长吨）
舰长：125米（410英尺6英寸）
舰宽：22.8米（75英尺）
动力装置：双螺旋桨，三联式发动机
航速：16.5节
人员编制：712人

生产国：美国
武器装备：4门250毫米（10英寸）口径主炮，6门152毫米（6英寸）口径副炮
排水量：7295吨（7180长吨）
舰长：98.9米（318英尺）
舰宽：17.4米（57英尺）
动力装置：双螺旋桨，三联式发动机
航速：16.4节
人员编制：374人

“朝日”号战列舰

日本海军“朝日”号战列舰参加了举世闻名的对马海战。它后来被改建成修理船，最终于1942年在南中国海被美国“鲑鱼”号潜艇击沉。

生产国：日本
武器装备：4门305毫米（12英寸）口径主炮，14门152毫米（6英寸）口径副炮
排水量：15443吨（15200长吨）
舰长：133.5米（438英尺）
动力装置：双螺旋桨，三联式发动机
航速：18节
人员编制：836人

“切萨列维奇”号战列舰

俄国早期无畏舰“切萨列维奇”号由法国人建造。由于设计和建造失误，该舰有些头重脚轻，稳定性较差。它后来在黄海海战中遭到重创。

生产国：俄国
武器装备：4门305毫米主炮（12英寸）口径主炮，12门152毫米（6英寸）口径副炮，20门3磅火炮
排水量：13122吨（12915长吨）
舰长：118.5米（388英尺9英寸）
舰宽：23.2米（76英尺）
动力装置：双螺旋桨，垂直三联式发动机
航速：18.5节
人员编制：782人

“不屈”号战列巡洋舰

第一艘战列巡洋舰“不屈”号1908年建成，装备8门305毫米口径主炮。与“无畏”号战列舰相比较，“不屈”号的火力可以达到前者的五分之四。安装大推进功率的31台蒸汽锅炉，为了追求速度上的优势而刻意减少武器装备、降低防护能力等因素，它们就不可避免地成为海战中最易于攻击的目标。

生产国：英国
武器装备：8门305毫米（12英寸）口径主炮，16门102毫米（4英寸）口径副炮
排水量：17527吨（17250长吨）
舰长：172.8米（567英尺）
舰宽：23.9米（78英尺6英寸）
动力装置：四螺旋桨，涡轮机
航速：25.5节
人员编制：784人

“无畏”号战列舰

1905年10月，第一艘战列舰在普利茅斯开工建造，仅仅1年零1天之后，该艘新战舰就已进入初次海上试航待命状态。英国皇家海军将这艘新型战舰命名为“无畏”号。该舰最具革命性的特征就在于它的10门305毫米口径主炮，它们分别配置在5座双联装炮塔上，其中3座在舰体中部，另外2座分别置于舰首和舰尾。从1906年开始，这种战列舰已经具备了在船体任何一侧同时射击10门重炮的能力，大大改变了海战的面貌。

生产国：英国

武器装备：10门305毫米（12英寸）口径主炮

排水量：18187公吨（17900吨）

舰长：160.4米（526英尺3英寸）

舰宽：25米（82英尺）

动力装置：四螺旋桨，涡轮机

航速：21.6节

人员编制：695~773人

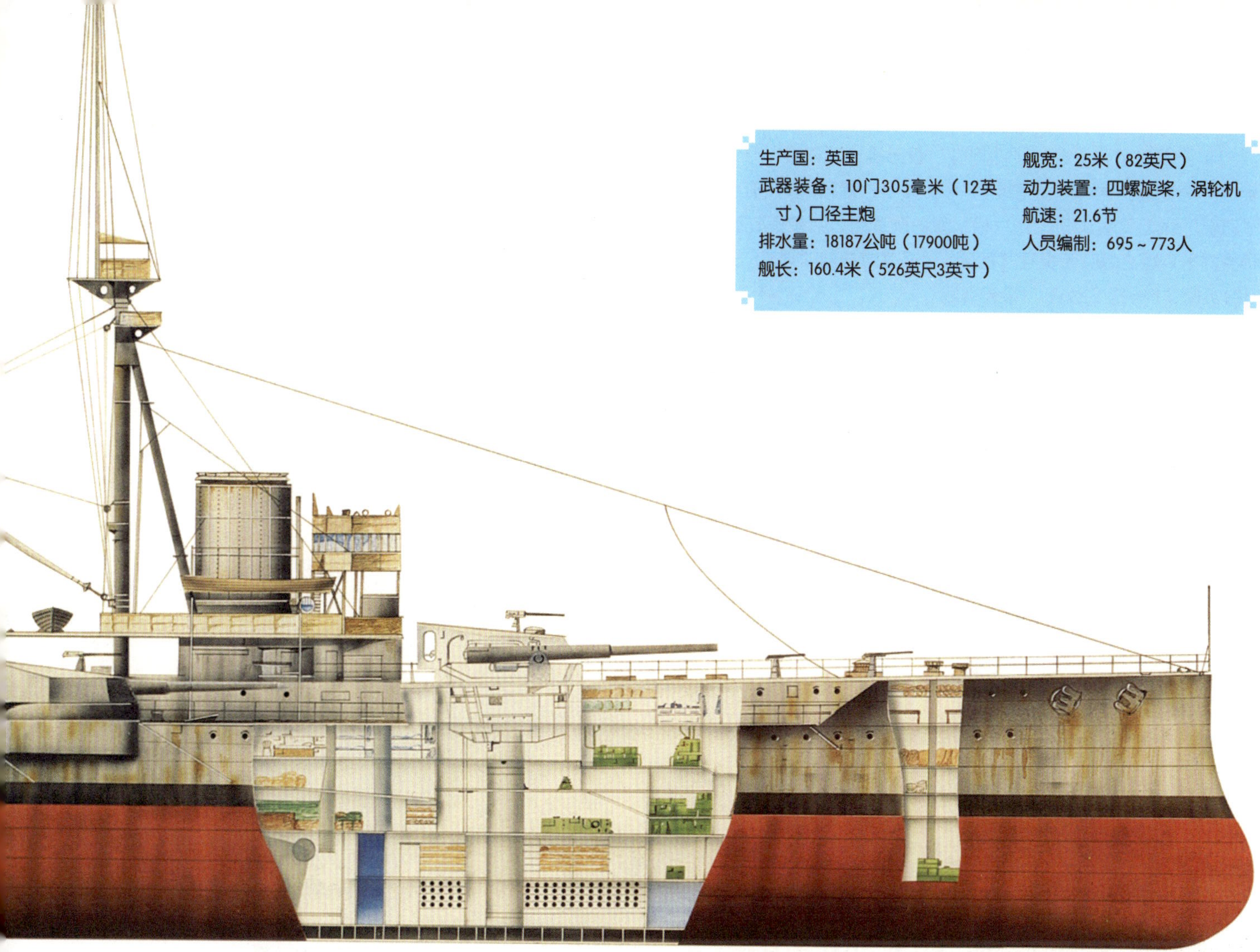

“巴登”号战列舰

1913年德国海军开工建造了“巴登”级无畏舰“巴登”号、“拜恩”号、“萨克森”号和“符腾堡”号，其中，最后2艘没有最终完工。“巴登”级无畏舰属于“克尼格”级的改进型，共装备8门380毫米（15英寸）口径主炮。无畏舰“巴登”号及其姊妹舰“拜恩”号主要用来对付英国“伊丽莎白女王”级战列舰。

生产国：德国
武器装备：8门380毫米（15英寸）口径主炮，18门150毫米（5.9英寸）口径副炮
排水量：32197吨（31690长吨）
舰长：179.8米（589英尺10英寸）
舰宽：29.93米（98英尺5英寸）
动力装置：三轴推进，涡轮机
航速：22节
人员编制：1271人

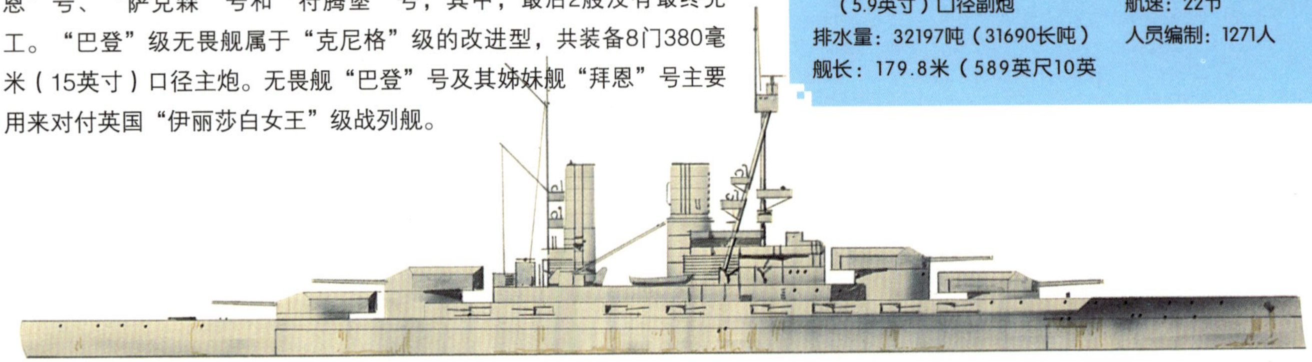

“莱昂纳多·达·芬奇”号无畏舰

1906年，意大利“莱昂纳多·达·芬奇”号无畏舰在塔兰托港口发生爆炸并倾覆，爆炸原因可能与奥地利人的破坏活动有关联。该舰后来被打捞上来，但没有进行维修，1923年被最终拆解。

生产国：意大利
武器装备：13门305毫米（12英寸）口径主炮，18门120毫米（4.7英寸）口径副炮
排水量：23485吨（23088长吨）
舰长：176米（577英尺9英寸）
舰宽：28米（91英尺10英寸）
动力装置：四螺旋桨，涡轮机
航速：21.6节
人员编制：1235人

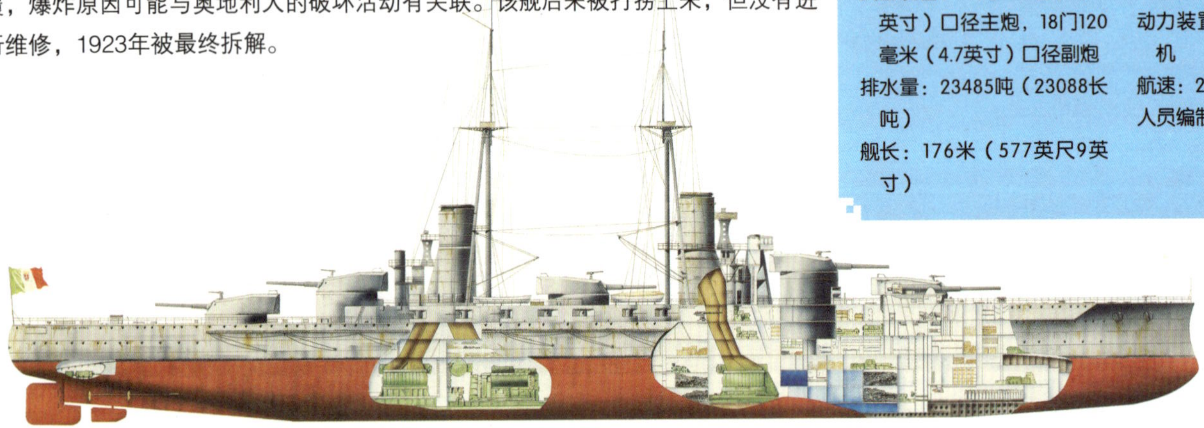

“德弗林克”号战列巡洋舰

“德弗林克”级是德国海军全新设计的战列巡洋舰，1912年—1913年间开工建造。采用平甲板船型，具有明显的舷弧。动力系统采用油煤混合燃烧型锅炉。德国海军首次在战列巡洋舰上采用305毫米口径主炮，主炮炮塔全部沿舰体中轴线布置，舰体艏艉各布置两座，拥有良好的射界。该级舰较以往德国同类型战舰减少了一座主炮炮塔，增加装甲厚度，扩大防护区域，增加水密隔舱数量，其整体防护性能已接近早期无畏舰的水平。姊妹舰“兴登堡”号、“吕佐夫”号，“德弗林克”号于1914年服役，

生产国：德国
武器装备：8门305毫米（12英寸）口径主炮
排水量：30706吨（30223长吨）
舰长：210米（689英尺）
舰宽：29米（95英尺2英寸）
动力装置：四螺旋桨，涡轮机
航速：28节
人员编制：1112人

“黑尔戈兰岛”号战列舰

1908年，德国开工建造装备305毫米主炮的“黑尔戈兰岛”级无畏舰“黑尔戈兰岛”号、“奥尔登堡”号、“东弗里西亚岛”号和“图林根”号，它们实际上属于“纳索”级无畏舰的加强型。在德国众多的无畏舰中，只有“黑尔戈兰岛”级无畏舰拥有3个烟囱，它们以20对19节的微弱航速优势胜出“纳索”级无畏舰。

生产国：德国
武器装备：12门305毫米（12英寸）口径主炮，14门150毫米（5.9英寸）口径副炮
排水量：24700吨（24312长吨）
舰长：166.4米（546英尺）
舰宽：28.5米（93英尺6英寸）
动力装置：三螺旋桨，三联式发动机
航速：20.3节
人员编制：1113人

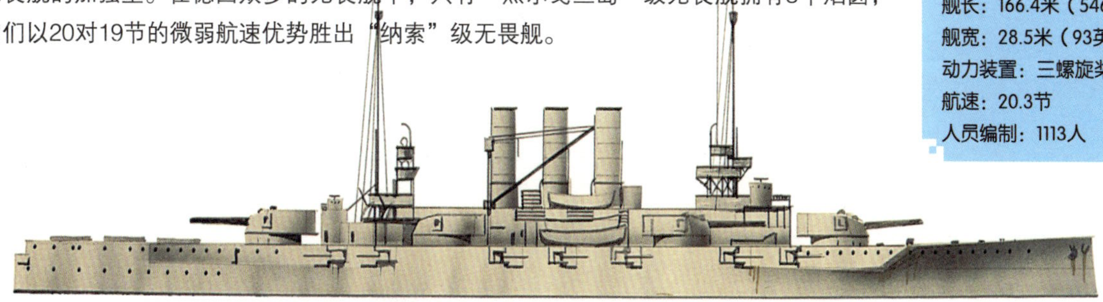

“密执安”号战列舰

1910年—1916年，美国海军“密执安”号战列舰在大西洋舰队服役。1917—1918年，该舰执行护航运输队的护航任务。1922年，“密执安”号退出现役，后被拆解。

生产国：美国
武器装备：8门305毫米（12英寸）口径主炮，22门76毫米（3英寸）口径副炮
排水量：18186吨（17900长吨）
舰长：138.2米（453英尺5英寸）
舰宽：24.5米（80英尺4英寸）
动力装置：双螺旋桨，垂直三联式发动机
航速：18.5节
人员编制：869人

“虎”号战列巡洋舰

“虎”号战列巡洋舰1912年6月20日开工，1913年12月15日下水，1914年10月完工。“虎”号服役后正赶上第一次世界大战。1915年参加了多格尔沙洲海战和1916年的日德兰海战中连续受伤，最终于1932年被拆解。

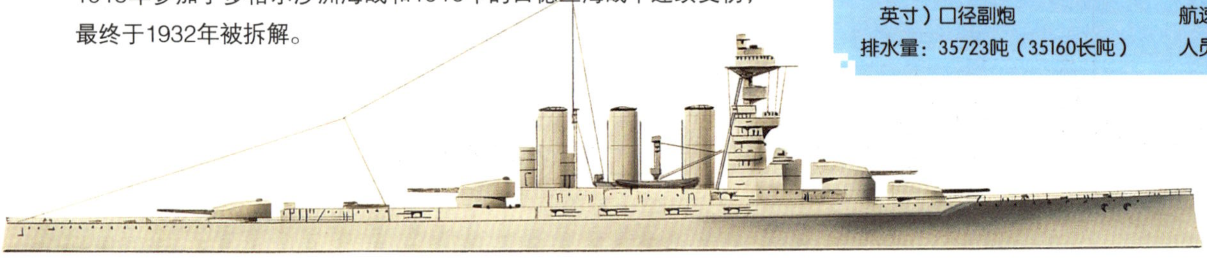

“戈本”号战列巡洋舰

“戈本”号战列巡洋舰1911年于德国汉堡下水，在它诞生的时代，战列巡洋舰作为一种崭新的舰种，因为兼具战列舰的强火力与巡洋舰的高速度而成为各国海军军备竞争的焦点。1912年2月7日，“戈本”号正式服役，成为德意志帝国皇家海军第四战列舰分舰队的主力战舰之一。后来更名为“塞利姆苏丹”号加入土耳其军队服役。

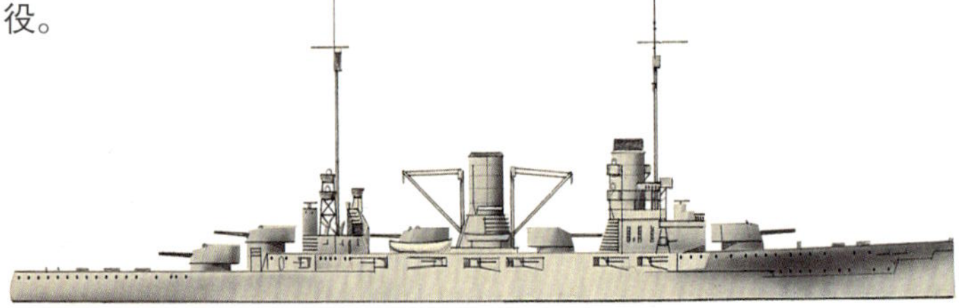

生产国：德国
武器装备：10门280毫米（11英寸）口径主炮，12门150毫米（5.9英寸）口径副炮
排水量：25704吨（25300长吨）
舰长：186.5米（611英尺10英寸）
舰宽：29.5米（96英尺9英寸）
动力装置：四螺旋桨，涡轮机
航速：28节
人员编制：1053人

生产国：英国
武器装备：8门343毫米（13.5英寸）口径主炮，12门152毫米（6英寸）口径副炮
排水量：35723吨（35160长吨）
舰长：214.6米（704英尺）
舰宽：27.6米（90英尺6英寸）
动力装置：四螺旋桨，涡轮机
航速：30节
人员编制：1121人

“伊丽莎白女王”号战列舰

1912年开工建造的“伊丽莎白女王”号战列舰属于快速战列舰，主要用来取代战列巡洋舰担任作战舰队的进攻联队，对敌方战列舰实施重点攻击。此外，“伊丽莎白女王”号还是第一批装备380毫米主炮和使用燃油发动机的战列舰。参加了1915年的达达尼尔海峡战役，后来编入英国皇家海军大舰队服役。它在二战期间又参加了多次战役。

生产国：英国
武器装备：8门380毫米（15英寸）口径主炮，16门152毫米（6英寸）口径副炮
排水量：33548吨（33020长吨）
舰长：196.8米（646英尺）
舰宽：27.6米（90英尺6英寸）
动力装置：四螺旋桨，涡轮机
航速：23节

“加富尔”号无畏舰

“加富尔”级无畏舰（“加富尔”号、“恺撒”号和“达·芬奇”号）1909年开工。1940年11月，意大利海军“加富尔”号无畏舰在英军空袭中被击沉，该舰随后被打捞上来送往的里雅斯特进行维修。在1945年2月的另外一次轰炸中，“加富尔”号被再次击沉。

生产国：意大利
武器装备：10门320毫米（12.6英寸）口径主炮，12门120毫米（4.7英寸）口径副炮
排水量：29436吨（29032长吨）
舰长：186米（611英尺6英寸）
舰宽：28米（91英尺10英寸）
动力装置：双螺旋桨，涡轮机
航速：28.2节
人员编制：1200人

“维托里奥·维内托”号战列舰

在第二次世界大战爆发之际，“维托里奥·维内托”号是意大利海军最为先进的战列舰，它于1941年连续被鱼雷击中两次，但最终在战争中幸存下来。

生产国：意大利
武器装备：9门380毫米（15英寸）口径主炮，12门152毫米（6英寸）口径副炮，4门120毫米（4.7英寸）口径副炮，12门89毫米（3.5英寸）口径火炮
排水量：46684吨（45752长吨）
舰长：237.8米（780英尺2英寸）
舰宽：32.9米（108英尺）
动力装置：四螺旋桨，涡轮机
航速：31.4节
人员编制：1950人

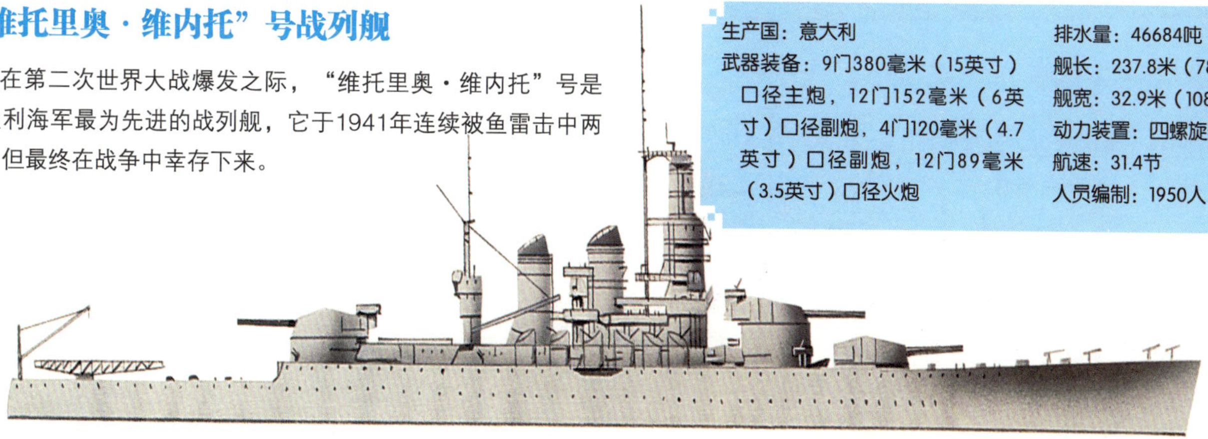

“俾斯麦”号袖珍战列舰

生产国：德国	舰长：250米（823英尺6英寸）
武器装备：8门380毫米（15英寸）口径主炮，12门150毫米（5.9英寸）口径副炮	舰宽：36米（118英尺）
排水量：42370吨（41700长吨）	动力装置：涡轮机，三轴推进
	航速：29节
	人员编制：2040人

根据德军计划，“俾斯麦”号排水量将达到42370吨，“梯比兹”号为43589吨，它们的最高航速可达29节，使用19节经济航速可实现16677千米的作战半径。此外，该两艘战列舰还将配备一套令人畏惧的武备系统，包括：8门380毫米口径主炮、12门150毫米口径副炮、16

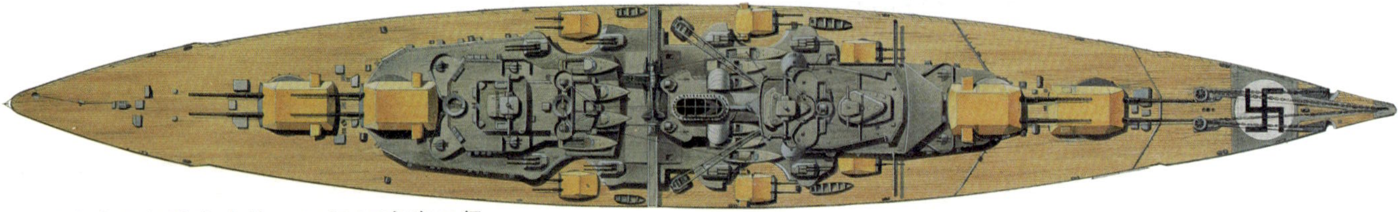

门105毫米口径防空火炮、16门37毫米口径防空火炮、16挺20毫米口径高射机枪，以及8具530毫米口径鱼雷发射管。这两艘舰船均于1936年开始建造，但到第二次世界大战爆发之前，只有“俾斯麦”号真正下水。

“施佩伯爵”号战列舰

生产国：德国	舰宽：20.6米（67英尺7英寸）
武器装备：6门279毫米（11英寸）口径主炮，8门150毫米（6英寸）口径副炮	动力装置：双轴推进，8台M式柴油机
排水量：10160吨（10000长吨）	航速：26节
舰长：186米（610英尺3英寸）	人员编制：926人

1939年12月20日，德国战舰“施佩伯爵”号在蒙得维的亚港外自沉，舰长自杀身亡。

“厌战”号战列舰

1916年，参加日德兰海战的“厌战”号战列舰身负重伤，经修复后接着参加了第二次世界大战，并在多次重大战斗中有着不凡表现。1947年，“厌战”号在被拖往拆船厂的途中，像是一种最后形式的抗议——在康沃尔郡芒特湾搁浅受损严重，后被就地拆解。

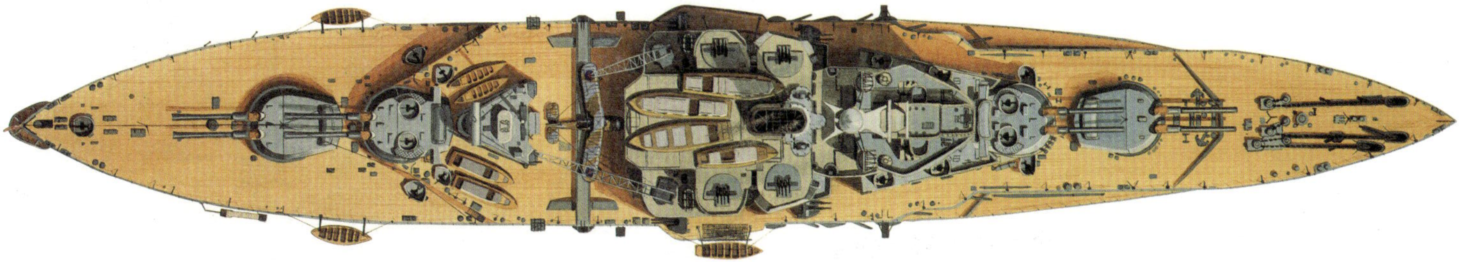

生产国：英国	舰长：197米（646英尺）
武器装备：8门380毫米（15英寸）□径主炮，16门152毫米（6英寸）□径副炮	舰宽：28米（90英尺6英寸）
	动力装置：4螺旋桨，涡轮机
	航速：23节
排水量：33548吨（33020长吨）	人员编制：951人

“大和”号战列舰

1937年，日本无视世界各项海军条约的限制，开始动工建造世界上吨位最大、火力最强的战舰——“大和”级战列舰，其中，“信浓”号战列舰在建成后被改作航空母舰使用；此外，事先规划的第4艘战列舰始终没有建造。其余2艘以日本省份名称命名的战列舰为“大和”号和“武藏”号，它们均于1942年投入现役。“武藏”号在莱特湾被美军击沉，而“大和”号于1945年4月在鹿儿岛外海被击沉。

生产国：日本

武器装备：9门460毫米（18.1英寸）口径主炮，12门155毫米（6.1英寸）口径副炮，12门127毫米（5英寸）口径副炮

排水量：68200吨（67123长吨）

舰长：263米（862英尺10英寸）

舰宽：36.9米（121英尺）

动力装置：四螺旋桨，涡轮机

航速：27节

人员编制：2500人

“舍尔海军上将”号袖珍战列舰

德国海军“舍尔海军上将”号袖珍战列舰是“海军上将施佩伯爵”号的姊妹舰，它参与了对大西洋和北冰洋的盟国护航运输队的攻击行动，共击沉各型船只17艘。

生产国：德国
武器装备：6门279毫米（11英寸）口径主炮，8门150毫米（6英寸）口径副炮
排水量：10160吨（10000长吨）
舰长：186米（610英尺3英寸）
舰宽：20.6米（67英尺7英寸）
动力装置：双轴推进，8台柴油机
航速：26节
人员编制：926人

“沙恩霍斯特”号战列巡洋舰

德国“沙恩霍斯特”号战列巡洋舰与姊妹舰“格奈森瑙”号一直是英国人的心腹之患，1943年12月，它在北角外海被击沉。

生产国：德国
武器装备：9门280毫米（11英寸）口径主炮，12门150毫米（5.9英寸）口径副炮
舰长：229.8米（753英尺5英寸）
舰宽：30米（98英尺5英寸）
动力装置：涡轮机，三轴推进
航速：31节
人员编制：1840人

“杜伊里奥”号战列舰

与其他意大利战列舰一样，“杜伊里奥”号在两次世界大战之间进行了完全的重建，装备了最新的防护装甲、舰炮和1架水上飞机。

生产国：意大利
武器装备：10门320毫米（12.6英寸）口径主炮
排水量：29861吨（29391长吨）
舰长：187米（613英尺2英寸）
舰宽：28米（91英尺10英寸）
动力装置：双螺旋桨，涡轮机
航速：27节
人员编制：1198人

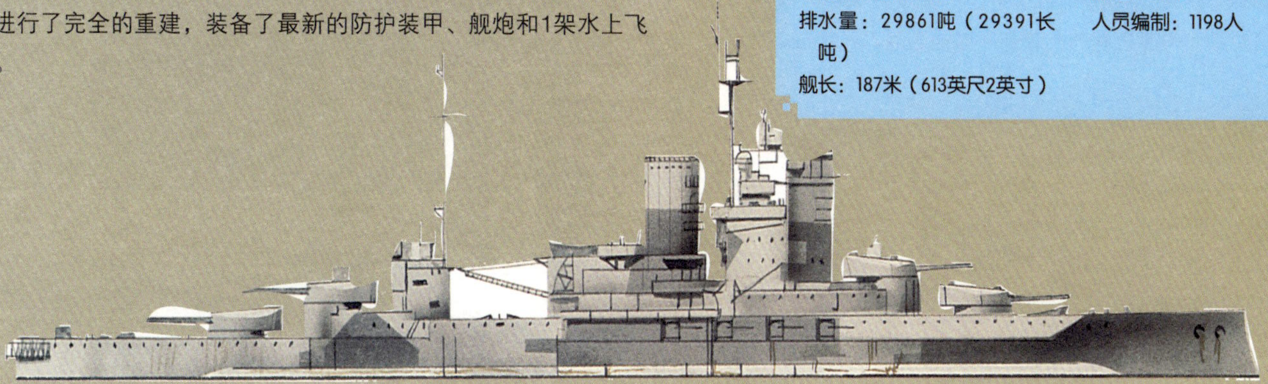

“华盛顿”号战列舰

美国海军“华盛顿”号战列舰是第2艘“北卡罗来纳”级战列舰。除了日本“大和”号战列舰之外，“北卡罗来纳”级在速度、火力以及防护方面均超过同时代任何一艘战列舰。

生产国：美国
武器装备：9门400毫米（16英寸）口径主炮，20门127毫米（5英寸）口径副炮
排水量：47518吨（46770长吨）
舰长：222米（728英尺9英寸）
舰宽：33米（108英尺4英寸）
动力装置：四螺旋桨，涡轮机
航速：28节
人员编制：1880人

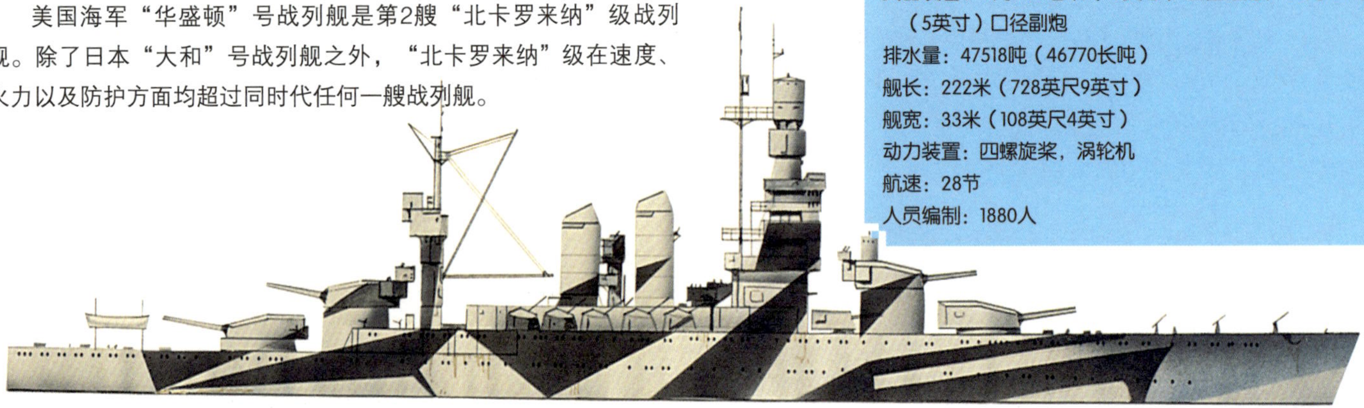

“纳尔逊”号战列舰

英国皇家海军“纳尔逊”号战列舰于1922年开工、1927年建成，此后，它担任舰队旗舰一直到1941年。第二次世界大战爆发后，它从北极海域驶往印度群岛作战。

生产国：英国
武器装备：9门406毫米（16英寸）口径主炮，12门152毫米（6英寸）口径副炮
排水量：38608吨（38000长吨）
舰长：216.8米（711英尺）
舰宽：32.4米（106英尺4英寸）
动力装置：双螺旋桨，涡轮机
航速：23.5节
人员编制：1361人

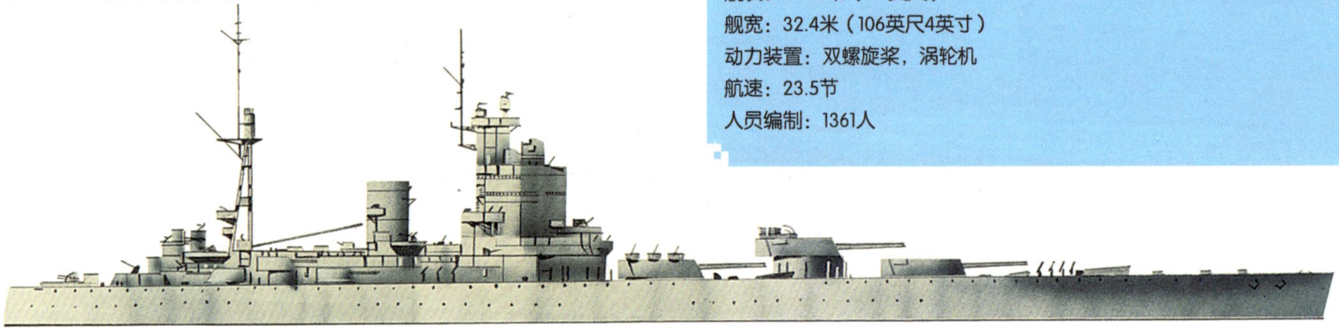

“北卡罗来纳”号战列舰

在珍珠港遭到日军偷袭之后，“北卡罗来纳”号战列舰从大西洋换防到太平洋值勤。1942年，它遭到日本“伊－19”号潜艇的鱼雷攻击，但最终幸免于难。

生产国：美国
武器装备：9门400毫米主炮（16英寸）口径主炮，20门127毫米（5英寸）口径副炮
排水量：47518吨（46770长吨）
舰长：222米（728英尺9英寸）
舰宽：33米（108英尺3英寸）
动力装置：四螺旋桨，涡轮机
航速：28节
人员编制：1880人

“前卫”号战列舰

“前卫”号战列舰是英国皇家海军最后一艘战列舰。1947年，它运送英国皇室前往南非巡游，随后在地中海舰队进行了短期服役，最终于1960年被拆解。

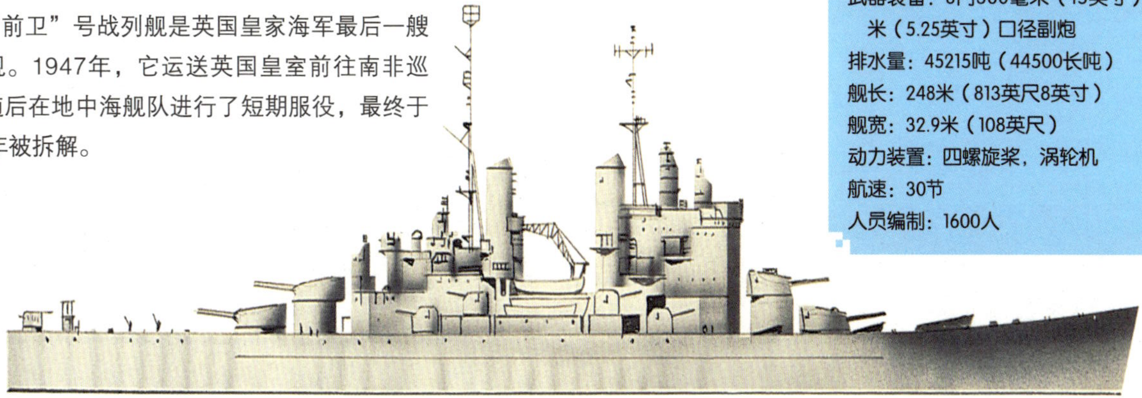

生产国：英国
武器装备：8门380毫米（15英寸）口径主炮，16门133毫米（5.25英寸）口径副炮
排水量：45215吨（44500长吨）
舰长：248米（813英尺8英寸）
舰宽：32.9米（108英尺）
动力装置：四螺旋桨，涡轮机
航速：30节
人员编制：1600人

“皇家橡树”号战列舰

英国皇家海军“皇家橡树”号战列舰于1916年编入现役，随后参加了著名的日德兰大海战。第一次世界大战结束后，该舰继续留在皇家海军服役，在英国北部海域执行巡逻任务。第二次世界大战爆发后不久，这位年事已高的一战“老兵”被机智勇敢的U－47号潜艇击沉，英国皇家海军士气受到沉重打击。

生产国：英国
舰员编制：936人
排水量：27500吨
体积：190.3米×27米×8.7米
武器装备：8门381毫米口径主炮，14门152毫米口径副炮，4具533毫米口径鱼雷发射管
动力装置：蒸汽涡轮，四轴推进
续航力：12600千米（6800海里）
最大航速：23节

“提尔皮茨”号战列舰

德国“提尔皮茨”号战列舰于1939年4月1日下水，作为攻击盟军商船队的水上舰只而被派往大西洋。1942年，“提尔皮茨”号被派往挪威北部水域度过了二战中的大部分时光。1944年11月12日，“提尔皮茨”遭到了盟国轰炸而倾覆。

生产国：德国
武器装备：8门380毫米（15英寸）口径主炮，12门150毫米（5.9英寸）口径副炮
排水量：53444吨（52600长吨）
舰长：248米（813英尺1英寸）
舰宽：36米（118英尺）
动力装置：3轴推进，涡轮机
航速：29节
人员编制：2608人

“格奈森瑙”号战列巡洋舰

1942年2月，德国“格奈森瑙”号战列巡洋舰在基尔港被英国皇家空军轰炸机重创，从此再也没能参加战斗。后来，它所有的舰炮被拆卸下来用于海岸防御。

生产国：德国

武器装备：9门280毫米（11英寸）口径主炮，12门150毫米（5.9英寸）口径副炮，14门104毫米（4.1英寸）口径副炮

排水量：39522吨（38900长吨）

舰长：226米（741英尺6英寸）

舰宽：30米（98英尺5英寸）

动力装置：3螺旋桨涡轮机，柴油机动力

航速：31节

人员编制：1840人

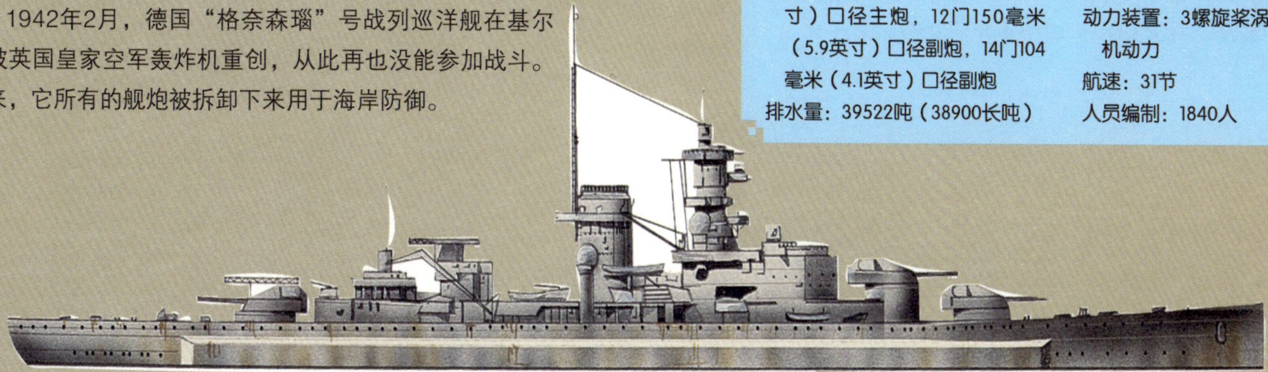

“伊丽莎白女王”号战列舰

1941年，英国皇家海军“伊丽莎白女王”号战列舰在亚历山大港遭意大利蛙人攻击受到重创。它在修复之后于1944—1945年赴印度洋作战。

生产国：英国
武器装备：8门380毫米（15英寸）口径主炮，16门152毫米（6英寸）口径副炮
排水量：33548吨（33020长吨）
舰长：197米（646英尺）
舰宽：28米（90英尺6英寸）
动力装置：四螺旋桨，涡轮机
航速：23节
人员编制：951人

“克莱孟梭”号战列舰

1940年6月，当德军占领布雷斯特港时，法国“克莱孟梭”号战列舰的建造刚刚完成10%。

生产国：法国

武器装备：8门381毫米（15英寸）口径主炮

排水量：48260吨（47500长吨）

舰长：247.9米（813英尺2英寸）

舰宽：33米（108英尺3英寸）

动力装置：四螺旋桨涡轮机

航速：25节（估计）

人员编制：1550人

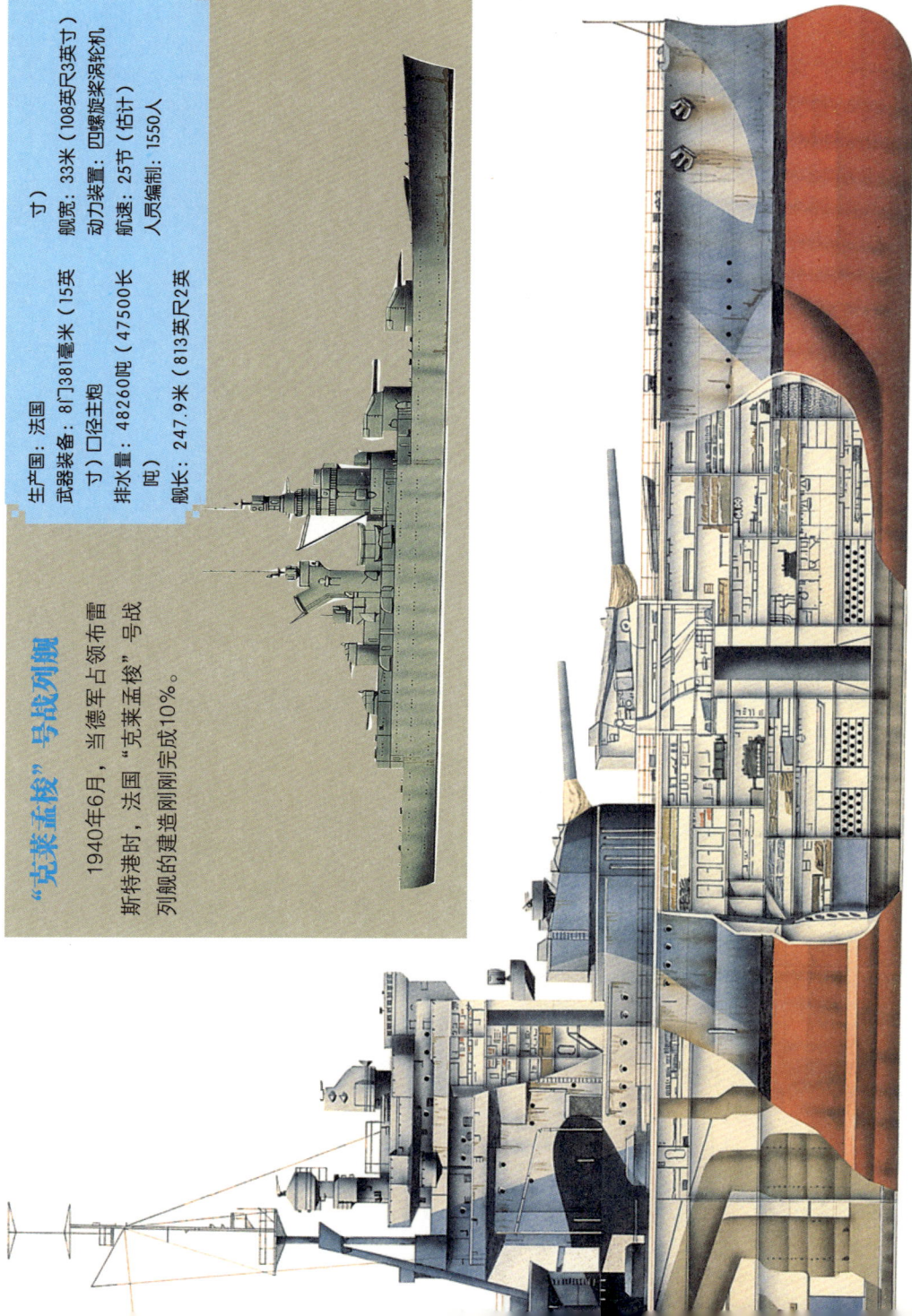

“衣阿华”号战列舰

“衣阿华”级战列舰，是美国海军建成的排水量最大的一级战列舰。美国海军“衣阿华”号战列舰参加了太平洋战争最后阶段的作战。从战争结束直到1948年，它一直在太平洋舰队服役，后来参加了朝鲜战争。

生产国：美国
武器装备：9门406毫米（16英寸）口径主炮，20门127毫米（5英寸）口径副炮
排水量：56601吨（55710长吨）
舰长：270.4米（887英尺2英寸）
舰宽：33.5米（108英尺3英寸）
动力装置：四螺旋桨涡轮机
航速：32.5节
人员编制：1921人

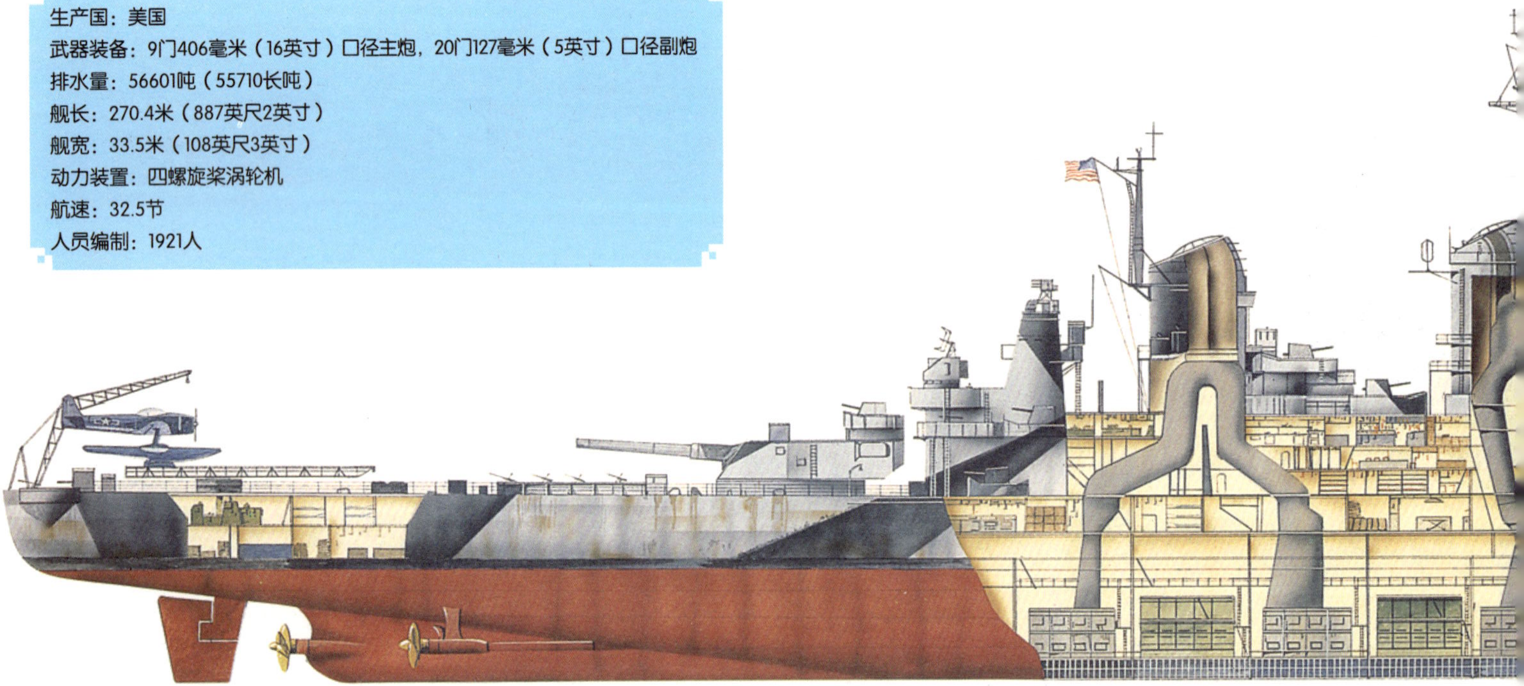

“印第安纳”号战列舰

美国海军“南达科他”级战列舰“印第安纳”号于1942年4月建成，随后参加了太平洋战场上的所有海战，最终于1947年退役。

生产国：美国	舰长：207.2米（680英尺）
武器装备：9门406毫米（16英寸）口径主炮，20门127毫米（5英寸）口径副炮	舰宽：32.9米（108英尺）
排水量：45231吨（44519长吨）	动力装置：四螺旋桨涡轮机
	航速：27.5节
	人员编制：1793人

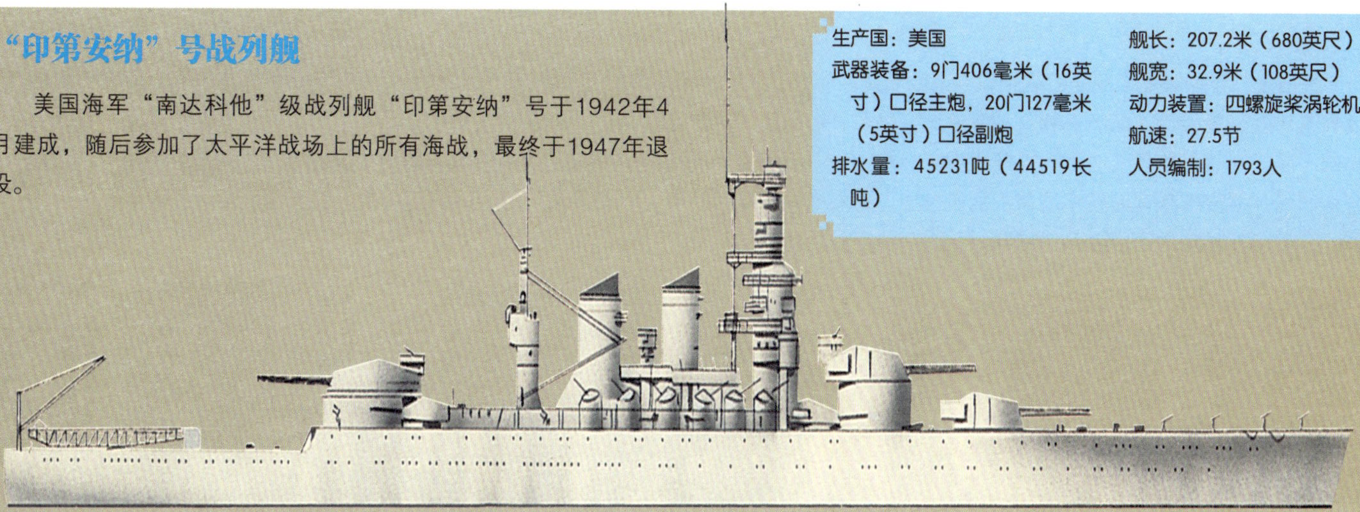

“乌沙科夫海军上将”号导弹巡洋舰

“基洛夫”号导弹巡洋舰是二战结束以来除航母之外世界上最大的战舰，排水量高达24385吨，就其外观和火力而言，与早已过时的战列巡洋舰一脉相传、如出一辙。“基洛夫”号及其姊妹舰“伏龙芝”号、“加里宁”号和“尤里·安德罗波夫”号的动力系统比较特殊，属于核动力和蒸汽动力合成推进系统，通过2座核反应堆和燃油锅炉的结合，由燃油锅炉对核反应堆产生的蒸汽再进行过度加热，从而增加战舰在高速航行中所需的能量输出。在所有的苏联战舰中，“基洛夫”号导弹巡洋舰是一艘携载武器装备最多、战斗力最强的战舰。苏联解体后，它于1992年5月更名为“乌沙科夫海军上将”号。

生产国：苏联
武器装备：20枚SS－N－19型反舰导弹
排水量：24385吨（24000长吨）
舰长：248米（813英尺8英寸）
舰宽：28米（91英尺10英寸）
动力装置：双轴，2座核反应堆，2台蒸汽轮机
航速：30节
人员编制：800人

右图：1992年7月，“乌沙科夫海军上将”号（当时仍然称为“基洛夫”号）导弹巡洋舰在码头系泊。

潜艇

18世纪晚期戴维·布什内尔最早发明的“海龟”号潜艇依靠手工推进、呈鸡蛋形的潜艇的性能虽然低下，却成为未来潜艇的雏形。

直到第一次世界大战，潜艇才成为一种赢得战争胜利的潜在武器。在第二次世界大战中，德国、英国和美国已经拥有了能够遂行水下作战任务的潜艇部队。二战后，由于北约和华约两大集团为随时可能发生的核战争而积极备战，促成了潜艇在这一时期的飞速发展。

“A－1”型潜艇

英国皇家海军的“A”级潜艇是在“霍兰”级潜艇和1901年的潜艇基础上建造的改进型潜艇。尽管“霍兰”级潜艇的性能还不错，但英国海军部还是计划发展自己的潜艇技术，主要原因是摆脱对电船公司的依赖。

生产国：英国
艇长：47.2米（154.85英尺）
艇宽：5.4米（16.73英尺）
动力装置：汽油发动机／电动机，单轴推进
航速：9.5节／6节（水面／水下）
武器装备：1具45厘米（18英寸）鱼雷发射管
人员编制：12人

“霍兰1”号潜艇

“霍兰1”号潜艇是爱尔兰人约翰·霍兰于1875年设计的一艘机器动力潜艇，他想用这个秘密武器攻打英国军舰。“霍兰1”号在1913年沉没，打捞上来之后被放置在戈斯波特的潜艇博物馆。

生产国：美国
艇长：16.3米（53.47英尺）
艇宽：3.1米（10.17英尺）
动力装置：汽油发动机，单轴推进
航速：8节／7节（水面／水下）
武器装备：1具45厘米（18英寸）口径鱼雷发射管
人员编制：12人

“舡鱼”号潜艇

西蒙·莱克1894年建造了第一艘木质艇壳的“舡鱼”号，1897年8月下水，建造非常成功。“舡鱼”号没有电动机，也没有电池，通过一个高高的通气管排出烟雾。

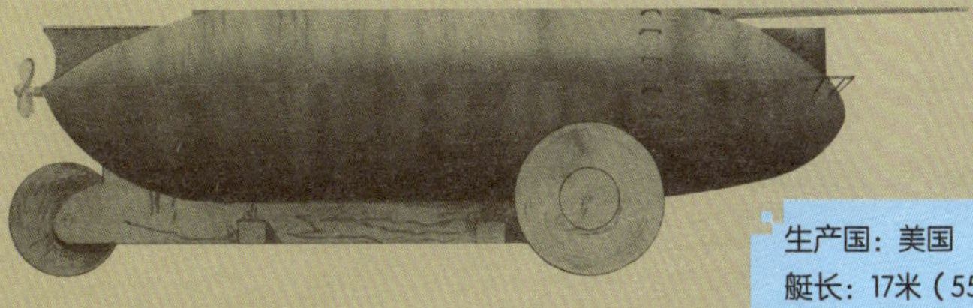

生产国：美国
艇长：17米（55.8英尺）
艇宽：4.2米（13.78英尺）
动力装置：汽油发动机，单轴推进
航速：5节（水面／水下）
武器装备：无
人员编制：6人

“霍兰”级VI型潜艇

约翰·霍兰从对“潜水者”号潜艇的争论中醒悟过来，1900年，霍兰售给海军第一艘潜艇USS“霍兰”（SS-1）号。这艘潜艇最早被称做“霍兰”VI型，并未在海军的合同项下开发和建造。以其名字命名的霍兰VI是使用他自己的基金来设计建造的。它还使用蓄电池，在水下可以停留2～3个小时。

生产国：美国
艇长：25.4米（83.3英尺）
艇宽：3.1米（10.1英尺）
动力装置：汽油发动机 / 电动机，单轴推进
航速：8节 / 5节（水面 / 水下）
武器装备：1具45厘米（18英寸）口径鱼雷发射管
人员编制：7人

“UB－4”号潜艇

德国小型“UB”型海岸潜艇成功发展成一种高性能的远洋潜艇——“UB”III型潜艇。它们能与1914年之前的大型潜艇相媲美。“UB”型海岸潜艇在第一次世界大战爆发后投入生产，其体积非常小，可以通过铁路运输。

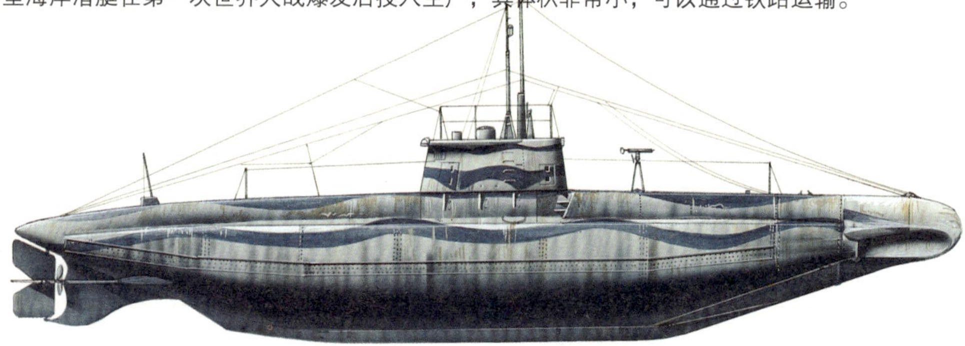

生产国：德国
艇长：43.5米（142.7英尺）
艇宽：4.6米（15英尺）
动力装置：煤油发动机，单轴推进
航速：6.5节 / 5.5节（水面 / 水下）
武器装备：2具45厘米（18英寸）口径鱼雷发射管
人员编制：14人

“德意志”号运输潜艇

1917年6月，德国海军潜艇部队制定了横渡大西洋攻击美国的作战计划，德国人的手上多了一种进攻武器潜艇巡洋舰。起初，潜艇巡洋舰是在“德意志”级民用潜艇（SMU-151至U-157号）的基础上进行改装，后来又有3艘专门设计的潜艇（SMU-139至U-141号）投入使用。所有潜艇均由经验丰富的艇长指挥。U-135号潜艇是一种中型远洋潜艇，艇上装备6具鱼雷发射管和1门105毫米口径甲板炮。1917年5月，SMU-155号潜艇（即原“德意志”号）离港执行首次战斗巡逻任务。

生产国：德国
艇长：100.75米（330.54英尺）
艇宽：13.4米（43.96英尺）
动力装置：柴油机 / 电动机，双轴推进
航速：12.4节 / 5.2节（水面 / 水下）
武器装备：无
人员编制：56人

“U－9”号潜艇

1914年9月，“U－9”号潜艇在荷兰沿海击沉了英国三艘巡洋舰，创造了辉煌的战绩。这些潜艇构成了第一次世界大战中德国潜艇部队主力。在整个一战期间，U型潜艇数量不足的问题始终困扰着德国海军。

生产国：德国
艇长：80.94米（265.55英尺）
艇宽：9.3米（30.5英尺）
动力装置：煤油发动机 / 电动机双轴推进
航速：14节 / 8节（水面 / 水下）
武器装备：4具45厘米（18英寸）口径鱼雷发射管（艇首2具，艇尾2具）
人员编制：29

“U－31”号潜艇

截至1917年协约国采取护航措施之前，德国U型潜艇利用甲板火炮摧毁了大量的攻击目标，其节省下来的鱼雷用来攻击更大的目标，这样一来，实际上就增加了德国U型潜艇的海上巡逻时间。

生产国：德国
艇长：65.4米（214.56英尺）
艇宽：6.4米（21英尺）
动力装置：汽油发动机／电动机，
航速：16.7节／9.7节（水面／水下）
武器装备：4具50厘米（19.68英寸）口径鱼雷发射管，1门88毫米口径火炮
人员编制：35人

“贾辛托·普林诺”号潜艇

“贾辛托·普林诺”号潜艇于1913年12月建造完成，1916年7月在加利奥拉岛靠岸时被奥匈帝国俘获，后在拖曳过程中沉没。

生产国：意大利
艇长：42.2米（138.45英尺）
艇宽：4.17米（13.68英尺）
动力装置：汽油发动机／电动机，双轴推进
航速：14节／9节（水面／水下）
武器装备：6具45厘米（18英寸）口径鱼雷发射管
人员编制：19人

“U-333”号潜艇

德国海军“U-333”号潜艇骁勇善战，共击毁3架盟军战机，先后两次被盟军护航舰艇击成重伤，但最终侥幸逃脱。此外，该艇还错误击沉德国一艘偷越封锁线、误闯“禁航区”的“施普雷瓦德”号商船。1944年7月，“U-333”号走上穷途末路，英国皇家海军“燕八哥”号扫雷舰和“燕林湖”号护卫舰使用“乌贼”反潜迫击炮将其击沉。

生产国：德国
人员编制：44人
水面排水量：761吨
水下排水量：865吨
体积：67.1米×6.2米×4.8米
武器装备：5具533毫米口径鱼雷发射管、1门86毫米口径火炮、1门20毫米口径榴弹炮、39枚水雷
动力装置：两台柴油发动机，两台电力发动机水面续航力：12节航速达12038千米（6500海里）
航速：水面航速17.2节，水下航速7.6节

“贾科莫·南尼”号潜艇

1915—1918年，菲亚特·桑·乔尔乔公司在拉斯佩齐亚建造了4艘“安德烈娅·普罗瓦娜”级潜艇，其中“贾科莫·南尼”号潜艇是该级首艇，但这些潜艇未能在战争中派上用场。

生产国：意大利
艇长：67米（219.81英尺）
艇宽：5.9米（19.35英尺）
动力装置：柴油机/电动机，双轴推进
航速：16节/9.8节（水面/水下）
武器装备：6具45厘米（18英寸）鱼雷发射管，2门76毫米火炮
人员编制：40人

“U－21”号潜艇

德国海军“U－19”级潜艇共建造4艘，“U－21”号是该级第一艘使用柴油发动机替代汽油发动机的潜艇。其中“U－19”号潜艇在战争中幸存下来，但于1919年2月在北海海域搁浅。当时，“U－19”号正根据《凡尔赛条约》的有关条款，前往英国斯卡帕湾海军基地投降。

生产国：德国
艇长：64.2米
艇宽：6.1米
武器装备：1门86毫米口径火炮，4具508毫米口径鱼雷发射管
动力装置：柴电动力，双轴推进
航速：15.4节/9.5节（水面／水下）
人员编制：35人

“E－11”号潜艇

1914—1918年，57艘“E”级潜艇成为英国皇家海军潜艇部队的主力，但有半数潜艇在战争中被击沉。1915年8月，“E－11”号潜艇用鱼雷击沉了德国旧战列舰“海雷丁·巴巴罗萨”号（前“库夫斯特·弗里德里克·威廉”号），此外，登陆分遣队还破坏了半岛上的铁路。1916年，随着英国和澳新兵团（指第一次世界大战中澳大利亚和新西兰兵团）撤出加利波利半岛，战争才告结束。

生产国：英国
艇长：54.8米（179.8英尺）
艇宽：6.8米（22.3英尺）
动力装置：柴油机／电动机，双轴推进
航速：15节／9节（水面／水下）
武器装备：5具45厘米（18英寸）口径鱼雷发射管，一门57厘米口径火炮（临时）
人员编制：31人

“K－10”号潜艇

为了使潜艇的速度能够与作战舰队保持一致，英国人建造了声名狼藉的“K”级潜艇，该潜艇使用了蒸汽涡轮机和燃油锅炉。“K”级潜艇存在两方面问题：一是体积庞大、结构复杂；二是极限潜深相对较小。

生产国：英国
艇长：159.68米（523.9英尺）
艇宽：13.03米（42.75英尺）
动力装置：涡轮机／柴油机／电动机，双轴推进
航速：24节／9节（水面／水下）
武器装备：8具45厘米（18英寸）口径鱼雷发射管
人员编制：60人

“M－1”号潜艇

英国“M”级潜艇除了大型火炮外，其他方面均属于常规型设计，利用炮口上的圆形准星可以瞄准并进行开火。英国皇家海军在1916年1月订购了4艘“M”级潜艇。尽管有人经常将其称为改进型“K”级潜艇，但它们确实是一种全新的潜艇。但只有“M－1”号和“M－3”号于1918年完成。

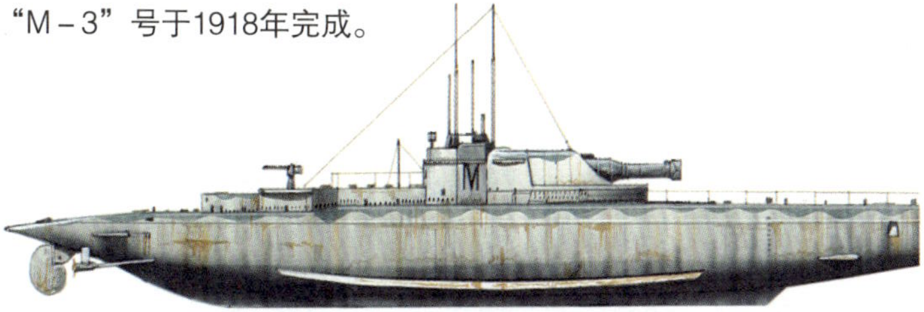

生产国：英国
艇长：90.14米（295.73英尺）
艇宽：7.5米（24.6英尺）
动力装置：柴油机／电动机，双轴推进
航速：15节／9.5节（水面／水下）
武器装备：4具45厘米（18英寸）口径鱼雷发射管，1门12英尺口径火炮，1门76毫米口径火炮
人员编制：64人

“奥丁”号潜艇

英国的“O”级潜艇汲取了从第一次世界大战中得到的许多经验，但其外挂油箱使它们很容易遭到外敌攻击。英国第二次世界大战“O”级潜艇共2批9艘，1924年—1929年建造。“奥丁”号潜艇是第二批建造的。

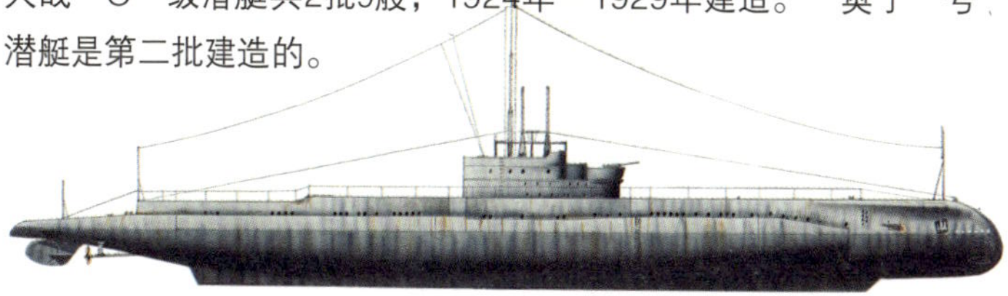

生产国：英国
艇长：86.41米（283.49英尺）
艇宽：9.12米（29.92英尺）
动力装置：柴油机／电动机，双轴推进
航速：17.5节／8节（水面／水下）
武器装备：8具53.3厘米（21英寸）口径鱼雷发射管，1门4英寸火炮
人员编制：53人

“U-118”号潜艇

除了担负过布雷艇之外，“U-118”号潜艇还扮演过辅助补给潜艇的角色。1943年6月12日，正在执行辅助补给任务的“U-118”号浮出水面时被美国海军“博格”号护航航空母舰的舰载机发现，在一阵猛烈的深水炸弹攻击后发生爆炸。

生产国：德国
舰长：89.8米
舰宽：9.2米
武器装备：两具533毫米口径鱼雷发射管，1~4门20毫米口径榴弹，1门37毫米口径火炮，66枚水雷
动力装置：两台柴油发动机，两台电力发动机
航速：水面航速17.2节，水下航速7.6节
人员编制：52人

“U-123”号潜艇

“U-123”号潜艇以作战骁勇而闻名，先后击沉了数量惊人的盟军船只。1942年，“U-123”号与一艘美国海军舰艇发生猛烈交火，但最终逃脱。1943年被英国皇家空军“蚊”战斗轰炸机发现，随即遭袭受伤；1944年，“U-123”号在经历众多战斗后，舰体衰损，最终退役。

生产国：德国
人员编制：48人
水面排水量：1051吨
水下排水量：1178吨
艇长：76.5米
艇宽：6.8米
武器装备：6具533毫米口径鱼雷发射管，1门105毫米口径火炮，1门37毫米口径火炮，1门20毫米口径榴弹炮
动力装置：两台MAN式柴油发动机，两台电力发动机
航速：水面航速18.2节，水下航速7.3节

“U-461”号潜艇

德国海军“U-461”号潜艇属于性能优良的U-14级“奶牛”补给潜艇。1943年7月30日，“U-461”号与“U-504”号、“U-462”号在比斯开湾水面结伴航行，被英国海岸司令部的战机击沉。此前，邓尼茨曾经下令，U型潜艇在遭遇盟军战机时要用自身的艇载火炮进行反击，绝对不能下潜躲避，结果断送了“U-461”号的性命。在激战中，该艇遭到数架飞机的联合攻击，后被深水炸弹摧毁，只有四分之一的艇员得以逃生。

生产国：德国
人员编制：53人
排水量：水面1715吨，水下1963吨
艇长：67.1米
艇宽：9.35米
武器装备：2门37毫米口径火炮，1门20毫米口径榴弹炮或1门37毫米口径火炮，4门20毫米口径双座榴弹炮，1门20毫米口径单发榴弹炮
动力装置：柴油发动机
续航能力：10节航速时达22872千米（12350海里）
航速：水面航速14.4节，水下航速6.2节
载货：4枚鱼雷，423吨燃油

“U-4”号潜艇

1907—1909年，德国建造了编号“Ⅲ”和“Ⅳ”（1915年重新编号为“U-3”和“U-4”）的两艘潜艇。1915年，“U-3”号被击沉，“U-4”号在战争中幸免于难。

生产国：德国
艇长：43.2米（141.73英尺）
艇宽：3.75米（12.3英尺）
动力装置：煤油发动机/电动机，双轴推进
航速：11.5节/8.7节（水面/水下）
武器装备：2具45厘米（18英寸）口径鱼雷发射管
人员编制：21人

“U-553”号潜艇(U-7级)

1942年12月，“U-553”号重新准备了火力强大的防空武器系统，但实践证明这些装备不尽如人意，对于U型潜艇作战产生了极大的负面影响。“U-533”号潜艇在装备新型武器后不到一个月便被击沉了。

生产国：德国
人员编制：44人
水面排水量：773吨
水下排水量：878吨
艇长：67.1米
艇宽：6.2米
武器装备：5具533毫米口径鱼雷发射管，1门86毫米口径火炮，1门20毫米口径榴弹炮，39枚水雷
动力装置：柴油/电力发动机
航速：水面航速17.2节，水下航速7.6节

“阿基米得”号潜艇

意大利“阿基米得”号潜艇替代了早期的同名潜艇，在西班牙内战中被秘密交付给民族主义者。

生产国：意大利
艇长：72.47米（237.76英尺）
艇宽：6.68米（21.91英尺）
动力装置：柴油机/电动机，双轴推进
航速：17.3节/8节（水面/水下）
武器装备：8具53.3厘米（21英寸）口径鱼雷发射管，一门120毫米口径火炮
人员编制：58人

“UC－74”号潜艇

“UC－74”号潜艇是德国海军建造的6艘布雷潜艇之一，它在战争结束时被西班牙扣留，后来向法国投降，于1921年被法国人拆解。

生产国：德国
人员编制：26人
水面排水量：416吨
水下排水量：500吨
艇长：50.6米
艇宽：5.1米
武器装备：1门86毫米口径火炮，3具508毫米口径鱼雷发射管，18枚水雷
动力装置：柴电动力，双轴推进
航速：水面航速11.8节，水下航速7.3节

“U-XXI”型潜艇

“U-XXI”型是德国在第二次世界大战末期最新锐的一型，使用了很多当时来说极为尖端的科技，包括流线型指挥塔船体、高效率的柴一电动力主机、双重耐压艇壳、二艇壳、修诺肯呼吸管及主被动声呐等。通过增加电池容量，“U-XXI”型潜艇能够在水下高速航行，潜艇在齐射鱼雷之后可以快速地重新装填鱼雷。

生产国：德国
艇长：76.7米（251.64英尺）
艇宽：6.6米（21.65英尺）
动力装置：柴油机 / 电动机，双轴推进
航速：15.6节 / 17.2节（水面 / 水下）
武器装备：6具53.3厘米（21英寸）口径鱼雷发射管，两门20毫米（口径）火炮
人员编制：57人

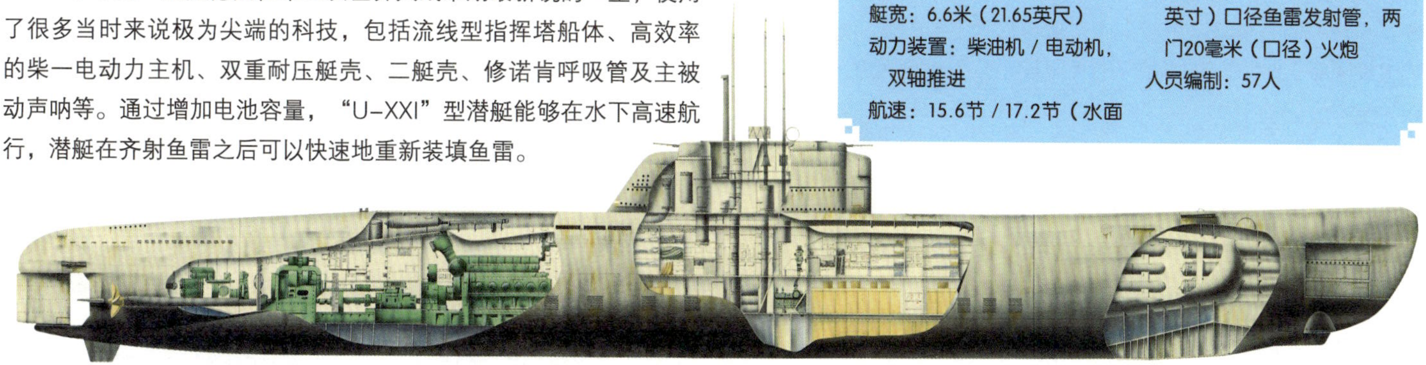

“U－151”号潜艇

“U－151”号潜艇曾作为“前线潜艇”服役很短一段时间，随后按照与“U－155”号潜艇相同的工序改建为运输潜艇，与德国海军另外5艘运输潜艇一道执行战争物资的采购及运输任务。美国参战后，这些无用武之地的运输潜艇被再次用于军事用途，在装备强大的武器系统之后成为巡洋潜艇。“U－151”号潜艇在战争结束后向法国投降，1921年被作为靶船击沉。

生产国：德国
人员编制：56人
水面排水量：1536吨
水下排水量：1905吨
艇长：65米
艇宽：8.9米
武器装备：2门150毫米口径火炮，2门86毫米口径火炮，2具508毫米口径鱼雷发射管
动力装置：柴电动力，双轴推进
航速：水面航速12.4节，水下航速5.2节

“U－139”号潜艇

“U－139”号潜艇是“U－140”号的姊妹艇，它与后者一样被命名为“施韦格海军中校”号，但与后者不同的是，它在战后向法国投降后，被编入法国海军继续服役，并重新命名为“哈尔布鲁恩”号。

生产国：德国
人员编制：62人
排水量：水面1961吨/水下2523吨
艇长：94.8米
艇宽：9米
武器装备：2门150毫米口径火炮，6具508毫米口径鱼雷发射管
动力装置：柴电动力，双轴推进
航速：水面航速15.8节，水下航速7.6节

“U－160”号潜艇

德国在第一次世界大战最后一年建造了一些快速潜艇，“U－160”号潜艇是其中的第一艘，其具有的高航速特别适合进行水面攻击，并且能够逃脱敌人护航舰艇的反击。在停战协定签署后，“U－160”号潜艇投降法国，后于1922年被拆解。

生产国：德国
人员编制：39人
水面排水量：834吨
水下排水量：1016吨
艇长：71.8米
艇宽：6.2米
武器装备：2门104毫米口径火炮，6具508毫米口径鱼雷发射管
动力装置：柴电动力，双轴推进

“U－30”号潜艇

德国海军“U－30”号潜艇因为击沉了第二次世界大战中的第一艘商船“雅典娜”号客轮而闻名于世，这次事件被英国人用来进行大力宣传，猛烈抨击纳粹政权的野蛮和残暴。当时，德国最高统帅部下令销毁了记载攻击行动的潜艇航海日志，反而诬陷是英国人自己击沉了“雅典娜”号客轮。

生产国：德国
人员编制：44人
水面排水量：636吨
水下排水量：752吨
艇长：64.5米
艇宽：5.8米
武器装备：5具533毫米口径鱼雷发射管，33枚水雷，1门86毫米口径火炮，1门20毫米加农炮
动力装置：柴电动力，双轴推进
航速：水面航速13节，水下航速6.9节

“UC－25”号潜艇

德国海军“UC－25”号潜艇之所以能够在潜艇战中占据一席之地，仅仅因为它是卡尔·邓尼茨曾经指挥过的潜艇。从1935年开始，邓尼茨就担任潜艇部队司令官的职位直至1943年，后来接替雷德尔海军元帅出任德国海军总司令，同时继续兼任潜艇部队司令官。

生产国：德国
人员编制：28人
水面排水量：406吨
水下排水量：488吨
艇长：49.4米
艇宽：5.2米
武器装备：3具500毫米口鱼雷发射管，18枚水雷，1门86毫米口径火炮
动力装置：柴电动力，双轴推进
航速：水面航速11节，水下航速9节

“Ⅱ”级潜艇

德国海军“Ⅱ”级潜艇属于一种海岸作战潜艇，坚固耐用，机动能力强，在生产过程中进行了大量改进，续航力不断增加。1941年停产。

生产国：德国
人员编制：25人
排水量：水面258吨，水下306吨
艇长：40.9米
艇宽：4.1米
武器装备：3具533毫米口径鱼雷发射管，1门20毫米口径火炮
动力装置：柴电动力，双轴推进
航速：水面航速13节，水下航速6.9节

“ⅦA”级潜艇

德国海军“Ⅶ”级潜艇是最著名的一级潜艇，1934—1945年至少建造了709艘，但“ⅦA”级潜艇仅仅建造了10艘，而后便投入了“ⅦB”级潜艇的生产。

生产国：德国
人员编制：44人
水面排水量：516吨
水下排水量：651吨
艇长：64.5米
艇宽：5.8米
武器装备：5具533毫米口径鱼雷发射管，1门86毫米口径火炮，1门20毫米口径火炮
动力装置：柴电动力，双轴推进
航速：水面航速13节，水下航速6.9节

“U－140”号巡洋潜艇

为了纪念杰出的潜艇指挥官奥托·韦迪根中校，德国海军将“U－140”号巡洋潜艇命名为“韦迪根海军中校”号。与大型水面战舰不同的是，德国海军U型潜艇通常使用编号加以区分，很少进行具体命名，“U－140”号是为数不多的几艘命名潜艇之一。第一次世界大战结束后，“U－140”号巡洋潜艇向美国投降，后来作为火炮靶船被击沉。

生产国：德国
人员编制：62人
水面排水量：1961吨
水下排水量：2523吨
艇长：94.8米
艇宽：9米
武器装备：2门150毫米口径火炮，6具508毫米口径鱼雷发射管
动力装置：柴电动力，双轴推进

“U－123”号潜艇

“U－123”号潜艇以作战骁勇而闻名，先后击沉了数量惊人的盟军船只。1942年，“U－123”号与一艘美国海军舰艇发生猛烈交火，但最终逃脱。1943年，“U－123”号浮出水面时，被英国皇家空军“蚊”战斗轰炸机发现，随即遭袭受伤；1944年，“U－123”号在经历众多战斗后，舰体衰损，不再适宜出海作战，最终退役。

生产国：德国
人员编制：48人
水面排水量：1051吨
水下排水量：1178吨
艇长：76.5米
艇宽：6.8米
武器装备：6具533毫米口径鱼雷发射管，1门105毫米口径火炮，1门37毫米口径火炮，1门20毫米口径榴弹炮
动力装置：2台MAN式柴油发动机，2台电力发动机
航速：水面航速18.2节，水下航速7.3节

“U－99”号潜艇

在王牌艇长奥托·克雷奇默尔的出色指挥下，“U－99”号潜艇在战争中取得了极其不平凡的战绩，先后8次出海巡航作战。1941年3月16—17日夜间，“U－99”号潜艇在攻击“HX－112”护航运输队时，被执行护航任务的英国皇家海军“漫步者”号驱逐舰发现，在后者投掷的深水炸弹的猛烈攻击下，发动机等机械装置出现严重故障，最终被迫浮出水面投降，包括克雷奇默尔在内的40名艇员被英国人救起。

生产国：德国
人员编制：44人
水面排水量：753吨
水下排水量：857吨
艇长：66.5米
艇宽：6.2米
武器装备：5具533毫米口径鱼雷发射管，1门86毫米口径火炮，1门20毫米口径加农炮，可携带39枚水雷
动力装置：柴电动力，双轴推进
航速：水面航速13节，水下航速6.9节

“U－570”号潜艇

“U－570”号为“U－7”级多功能潜艇的另一种型号，后因屈服于一架来袭战机而出名。

生产国：德国
人员编制：44人
水面排水量：761吨
水下排水量：865吨
艇长：67.1米
艇宽：6.2米
武器装备：5具533毫米（21英寸）口径鱼雷发射管，1门86毫米（3.4英寸）口径火炮，1门20毫米（0.8英寸）口径榴弹炮，以及39枚水雷
动力装置：2台柴油发动力，2台电力发动机
航速：水面航速17.2节，水下航速7.6节

“U－47”号潜艇

在第二次世界大战期间，德国海军“U－47”号潜艇因为成功潜入斯卡帕湾击沉“皇家橡树”号战列舰而名扬天下。在王牌艇长冈瑟·普里恩的出色指挥下，“U－47”号潜艇在16个月内共击沉敌人各型船只30多艘，取得了极其辉煌的战绩。1941年3月7日，“U－47”号潜艇在攻击“OB－293”护航运输队时，被英国皇家海军“狼獾”号驱逐舰投掷的深水炸弹击沉，德国海军士气遭到沉重打击。

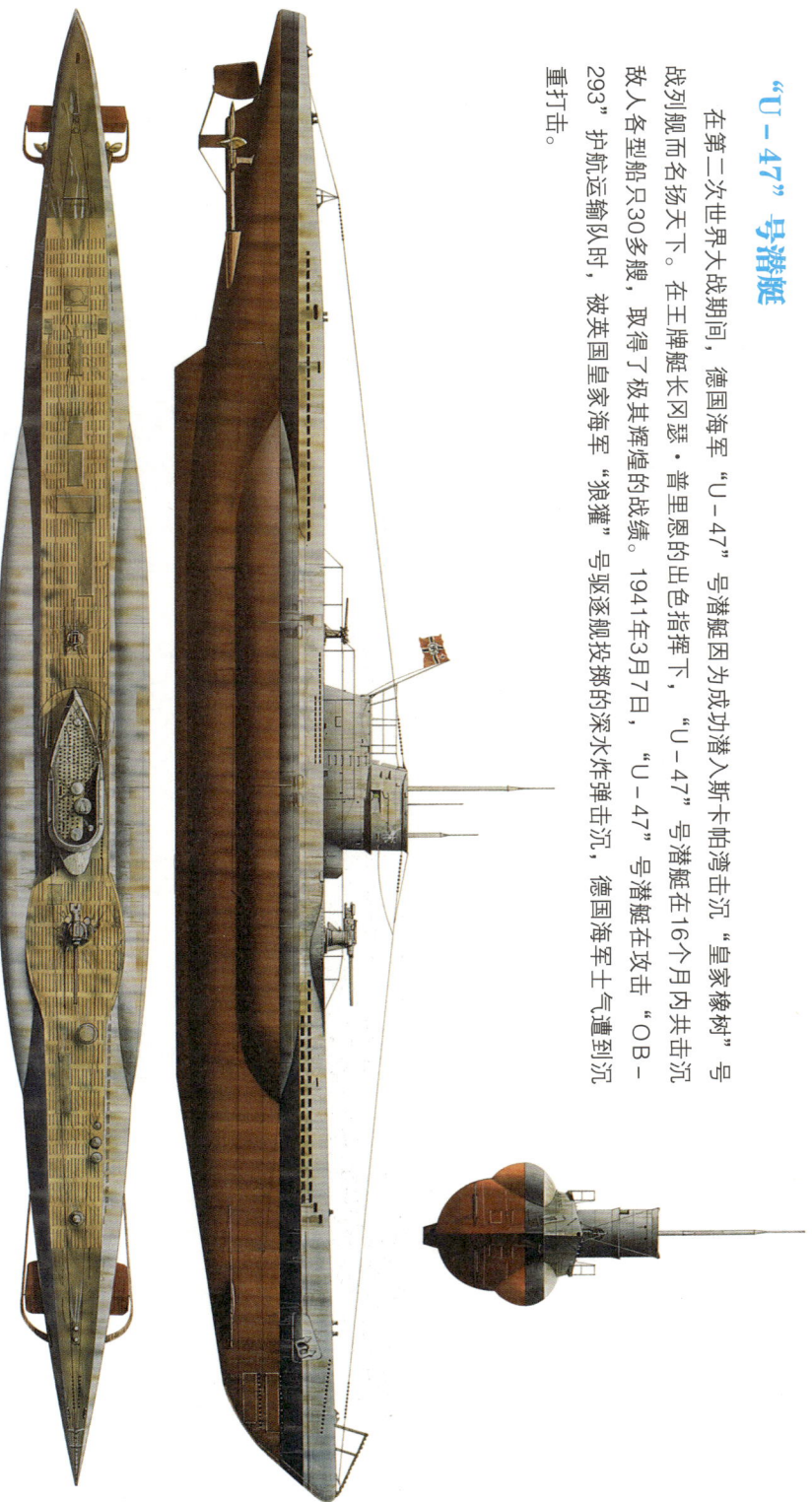

生产国：德国
人员编制：44人
水面排水量：765吨
水下排水量：871吨
艇长：66.5米
艇宽：6.2米
武器装备：5具533毫米口径鱼雷发射管，1门86毫米口径火炮，1门20毫米口径高射炮
动力装置：柴电动力，双轴推进
航速：水面航速17.2节，水下航速8节

“U－551”号潜艇

德国海军“U－551”号潜艇时运不济，首次出海不到一周时间便葬身大海。1941年3月18日，“U－551”号潜艇第一次出海执行作战巡逻任务，5天后发现敌方一艘商船，还未来得及发起鱼雷攻击，便遭到对方执行护航任务的“万森达”号拖网渔船的攻击，被一枚深水炸弹击中沉没，全体艇员无一生还。

生产国：德国
人员编制：44人
水面排水量：773吨
水下排水量：865吨
艇长：66.5米
艇宽：6.2米
武器装备：5具533毫米口径鱼雷发射管，1门86毫米口径火炮，1门20毫米口径高射炮
动力装置：柴电动力，双轴推进
航速：水面航速17.2节，水下航速8节

“U－106”号潜艇

德国海军“U－106”号潜艇属于“IXB”级远洋作战潜艇，具有很高的航速，特别适于进行夜间水面攻击行动，为德国海军立下汗马功劳。1943年8月2日，“U－106”号潜艇被英国皇家空军数架“桑德兰”反潜巡逻机击沉，25名艇员丧生。

生产国：德国
人员编制：48人
水面排水量：1068吨
水下排水量：1178吨
艇长：76.5米
艇宽：6.8米
武器装备：6具533毫米口径鱼雷发射管，1门102毫米口径火炮，1门20毫米口径加农炮
动力装置：柴电动力，双轴推进
航速：水面航速18.2节，水下航速7.2节

“U－76”号潜艇

“U－7B”级潜艇“U－76”号的服役期非常短暂，在1941年4月5日攻击“ＳＣ－26”护航运输队时被击沉，仅有1名艇员获救。

生产国：德国
人员编制：44人
水面排水量：753吨
水下排水量：857吨
艇长：66.5米
艇宽：6.2米
武器装备：5具533毫米口径鱼雷发射管，1门86毫米口径火炮，1门20毫米口径榴弹炮，39枚水雷
航速：水面航速17.2节，水下航速8节

“U－110”号潜艇

“U－110”号潜艇是德国在战争期间最重要的潜艇之一。该艇受伤后未能来得及凿沉，英国皇家海军将其成功俘获，从而获得了“爱尼格玛”密码机及相关的密码簿。1941年5月11日，“U－110”号在拖带途中沉没。

生产国：德国
人员编制：48人
水面排水量：1051吨
水下排水量：1178吨
艇长：76.5米
艇宽：6.8米
武器装备：6具533毫米口径鱼雷发射管，1门105毫米口径火炮，1门37毫米口径火炮，1门20毫米口径榴弹炮
动力装置：2台ＭＡＮ式柴油机和2台电力发动机
航速：水面航速18.2节，水下航速7.3节

“U－459”号潜艇

“U－459”号潜艇是“U－14”级“奶牛”补给潜艇的典型代表，在战争中通过战场补给增加作战潜艇的续航力。后来，补给潜艇成为盟军反潜作战的主要攻击目标。1943年7月24日，“U－459”号与英国海岸司令部的战机遭遇并发生激战，后被击沉。

生产国：德国
人员编制：53人
排水量：水面1715吨，水下1963吨
艇长：67.1米
艇宽：9.35米
武器装备：2门37毫米口径火炮，1门20毫米口径榴弹炮或1门37毫米口径火炮，4门20毫米口径双联装榴弹炮，1门20毫米口径单发榴弹炮
动力装置：柴油／电力发动机
航速：水面航速14.4节，水下航速6.2节

“U－17”级潜艇

德国海军“U－17”级潜艇采用“沃尔特”封闭式过氧化氢发动机，延长了潜艇水下潜行时间。对于盟军来说，值得庆幸的是，该型发动机在研制期间遭遇了一系列难题，致使“U－17”级一直未能实现完全意义上的服役。

生产国：德国
人员编制：19人
艇长：41.5米
艇宽：3.4米
水面排水量：317吨
水下排水量：362吨
武器装备：2具533毫米口径鱼雷发射管
动力装置：柴油发动机与“沃尔特”封闭式发动机
航速：水面航速9节，水下航速21～25节

“U－156”号潜艇（“U－9C”级）

德国海军“U－9C”级潜艇“U－156”号因一起颇具争议的事件而出名。1942年9月12日，“U－156”号在击沉“拉哥尼亚”号客轮后将其幸存人员救起，但在将他们运至一艘德国舰艇的途中遭遇盟军一架“解放者”轰炸机的攻击。这起事件促使邓尼茨下令所有U型潜艇指挥官自此一律不得救援幸存者。

生产国：德国
人员编制：48人
水面排水量：1137吨
水下排水量：1251吨
艇长：76.8米
艇宽：6.8米
武器装备：6具533毫米口径鱼雷发射管，1门105毫米口径火炮，1门37毫米口径火炮，1门20毫米口径榴弹炮
动力装置：柴油／电力发动机
航速：水面航速18.3节，水下航速7.3节

“U－118”号补给潜艇

除了担负过“XB”型布雷艇之外，“U－118”号潜艇还扮演过辅助补给潜艇的角色。1943年6月12日，正在执行辅助补给任务的“U－118”号浮出水面时被美国海军“博格”号护航航空母舰的舰载机发现，在一阵猛烈的深水炸弹攻击后发生爆炸。

生产国：德国
人员编制：52人
水面排水量：1791吨
水下排水量：2212吨
艇长：89.8米
艇宽：9.2米
武器装备：2具533毫米口径鱼雷发射管，1～4门20毫米口径榴弹炮，1门37毫米口径火炮，1门105毫米口径火炮，66枚水雷
动力装置：柴油／电力发动机
航速：水面航速16.5节，水下航速7节

“U－553”号潜艇（“U－7”级）

1942年12月，“U－553”号重新装备了火力强大的防空武器系统，但实践证明这些装备不尽人意，对于U型潜艇作战产生了极大的负面影响。“U－533”号潜艇在装备新型武器后不到一个月便被击沉了。

生产国：德国
人员编制：44人
水面排水量：773吨
水下排水量：878吨
艇长：67.1米
艇宽：6.2米
武器装备：5具533毫米口径鱼雷发射管，1门86毫米口径火炮，1门20毫米口径榴弹炮，39枚水雷
动力装置：柴油／电力发动机
航速：水面航速17.2节，水下航速7.6节

“U－23”级潜艇

“U－23”级潜艇属于一种海岸作战潜艇，和“U－21”级潜艇一样，依靠提升电池动力来大幅度增强水下续航力。在战争逐渐进入尾声时，“U－23”级潜艇击沉一些盟军舰船，但自己仍然完好无损，引起盟军的极大关注。

生产国：德国
人员编制：14人
水面排水量：235吨
水下排水量：260吨
艇长：34.1米
艇宽：3米
武器装备：2具533毫米口径鱼雷发射管
动力装置：柴油／电力发动机
航速：水面航速10节，水下航速12.5节

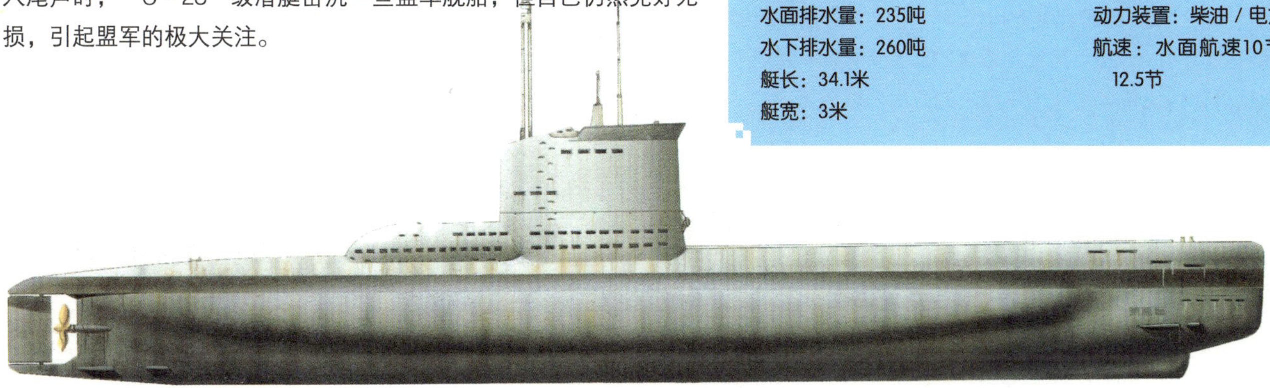

“U－441”号潜艇（“U－7C”级）

德国海军“U－7C”级潜艇“U－441”号曾被作为“高射炮潜艇”使用，在水面上和盟军反潜飞机进行“硬对硬”对抗作战。U“－441”号的武器装备在遭遇“英俊战士”战斗机轰炸后严重受损，后在艇上一名随军医生指挥下逃离战场，返回基地。

生产国：德国
人员编制：44人
水面排水量：773吨
水下排水量：878吨
艇长：67.1米
艇宽：6.2米
武器装备：5具533毫米口径鱼雷发射管，1门86毫米口径火炮，1门20毫米口径榴弹炮，39枚水雷
动力装置：柴油／电力发动机
航速：水面航速17.2节，水下航速7.6节

“U－320”号潜艇

德国海军“U－320”号潜艇是“U－7C”级潜艇的一种改进型，即“U－7C／41”型。该艇拥有加固艇体，可以下潜更深的深度。1945年5月7日，“U－320”号被盟军第210飞行中队一架“卡塔利娜”巡逻机击沉，成为德国在战争中损失的最后一艘潜艇。

生产国：德国
人员编制：44人
水面排水量：773吨
水下排水量：878吨
艇长：67.1米、
艇宽：6.2米
武器装备：5具533毫米口径鱼雷发射管，1门86毫米口径火炮，1门20毫米口径榴弹炮，39枚水雷
动力装置：柴油／电力发动机
航速：水面航速17.2节，水下航速7.6节

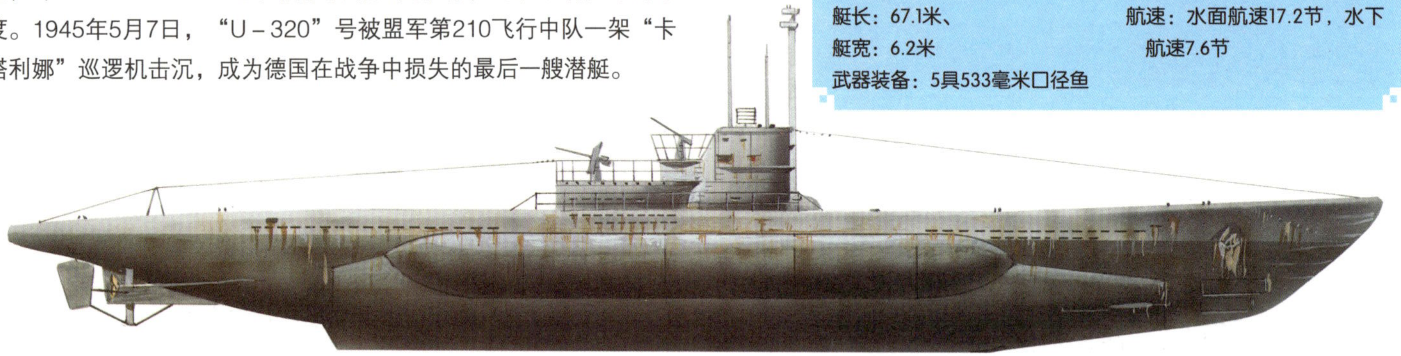

“U－461”号潜艇（“U－14”级）

德国海军“U－461”号潜艇属于性能优良的“U－14”级“奶牛”补给潜艇。1943年7月30日，“U－461”号与“U－504”号、“U－462”号在比斯开湾水面结伴航行，被英国海岸司令部的战机击沉。此前，邓尼茨曾经下令，U型潜艇在遭遇盟军战机时要用自身的艇载火炮进行反击，绝对不能下潜躲避，结果断送了“U－461”号的性命。在激战中，该艇遭到数架飞机的联合攻击，后被深水炸弹摧毁，只有四分之一的艇员得以逃生。

生产国：德国
人员编制：53人
水面排水量：1715吨
水下排水量：1963吨
艇长：67.1米
艇宽：9.35米
武器装备：2门37毫米口径火炮，1门20毫米口径榴弹炮或1门37毫米口径火炮，4门20毫米口径双座榴弹炮，1门20毫米口径单发榴弹炮
动力装置：柴油／电力发动机
航速：水面航速14.4节，水下航速6.2节
载货：4枚鱼雷，423吨燃油

“魟鱼”号潜艇

最初编号为“V-4”的这艘大型潜艇是为美国海军建造的唯一一艘专用布雷潜艇，其设计借鉴了德国早期U型潜艇的构造思想。

生产国：美国
艇长：109.73米（360英尺）
艇宽：10.36米（33.98英尺）
动力装置：柴油机／电动机，双轴推进
航速：13.6节／7.4节（水面／水下）
武器装备：4具53.3厘米（21英寸）口径鱼雷发射管，2门15.2厘米口径火炮，60枚鱼雷
人员编制：52人

“S”级潜艇

“S”级是第一次世界大战期间美国海军建造的最后一批潜艇，但其性能并没有超过同时期的外国潜艇。

生产国：美国
艇长：103.58米（339.82英尺）
艇宽：9.8米（32.15英尺）
动力装置：柴油机／电动机，双轴推进
航速：14.5节／5节（水面／水下）
武器装备：4具53.3厘米（21英寸）口径鱼雷发射管，1门10.2厘米口径火炮
人员编制：38人

“俄亥俄”级潜艇

美国新型核动力弹道导弹潜艇——“俄亥俄”级（SSBNS－726）装备24枚潜射弹道导弹，是美国海军规模最大的潜艇。“俄亥俄”级潜艇在海上执行70天巡逻任务，每次检修周期为25天，该级潜艇每9年进行一次为期1年的检修，使用率为66%，而过去的旧式核动力弹道导弹潜艇的使用率则为55%。“俄亥俄”级潜艇1976年4月开始动工建造，1981年6月开始试航。1997年年底，美国海军开始为4艘较早的“俄亥俄”级潜艇装备可以发射“三叉戟”II型导弹的新型发射管。从1998年开始，诺斯罗普·格鲁曼公司将为美国海军“阿拉斯加”号（SSBN－732）潜艇建造并装备24具导弹发射管。此后，“内华达”号（SSBN－733）、“亨利·杰克逊”号（SSBN－730）和“阿拉巴马”号（SSBN－731）潜艇也将进行同样的改装，但美国海军将不再对这4艘最早的核动力弹道导弹潜艇进行任何现代化升级。

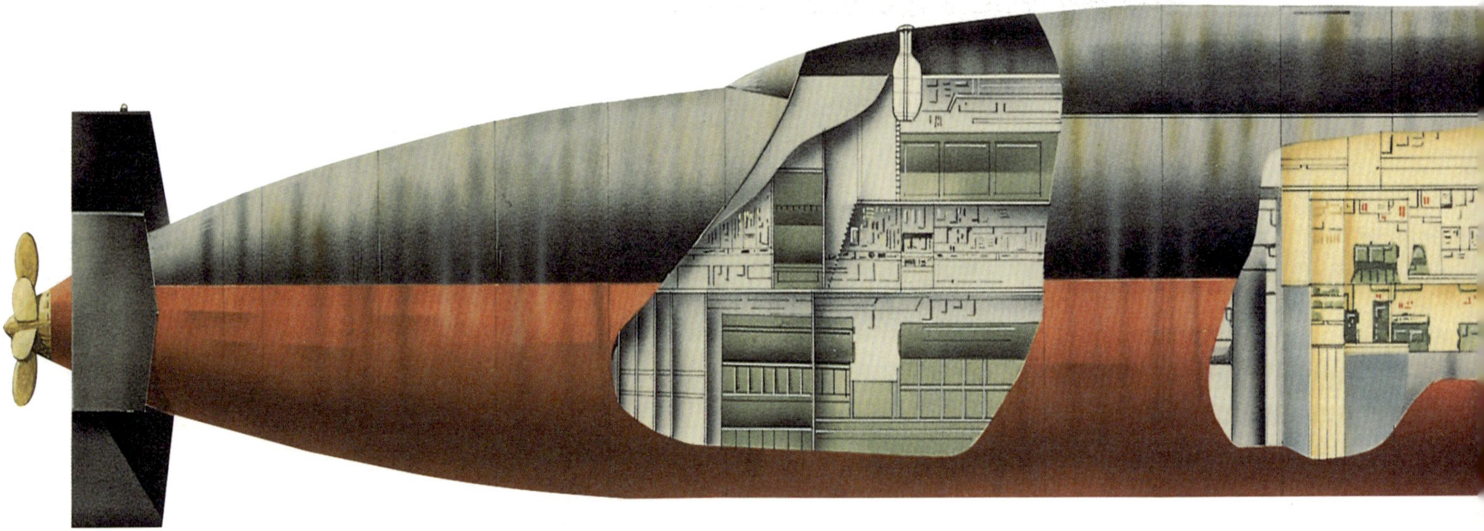

生产国：美国
艇长：170.7米（560英尺）
艇宽：12.8米（42英尺）
动力装置：核动力装置，单轴推进
航速：25节（水面、水下）
武器装备：24枚弹道导弹，4具53.3厘米（21英寸）口径鱼雷发射管
人员编制：133人

“E－II”级潜艇

20世纪60年代，为了对付美国攻击型航空母舰，苏联在“E－Ⅰ”级的基础上发展了“E－Ⅱ”级，并于1963年—1967年建成29艘675型核动力导弹潜艇用于攻击美国城市，其中有14艘“E－Ⅱ”级一直服役到90年代初。装备的P－5导弹不能用于攻击舰船。

生产国：苏联
艇长：115米（377.29英尺）
艇宽：9米（29.52英尺）
动力装置：核动力装置，双轴推进
航速：20节／23节（水面／水下）
武器装备：8枚P5巡航导弹，8具鱼雷发射管
人员编制：90人

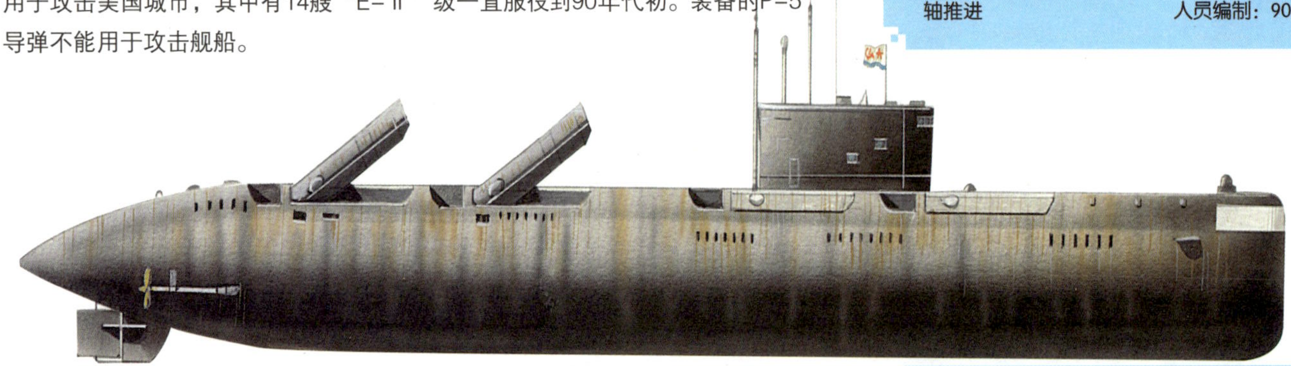

“Y”级潜艇

667A型“Y”级核动力装置弹道导弹潜艇首次效仿美国的做法，将SS－N－6“叶蜂”潜艇导弹安装在潜艇指挥台围壳后的垂直发射管中。“Y”级核潜艇是苏联海军的第二代核动力弹道导弹潜艇。在20世纪60—70年代得到大量建造，共建有34艘，现在，大部分已经退役。

生产国：苏联
艇长：130米（426.5英尺）
艇宽：12米（39.37英尺）
动力装置：核动力装置，双轴推进
航速：27节（水面、水下）
武器装备：16枚D5型弹道导弹，4具53.3厘米（21英寸）口径鱼雷发射管，2具40.6厘米（16英寸）口径鱼雷发射管
人员编制：120人

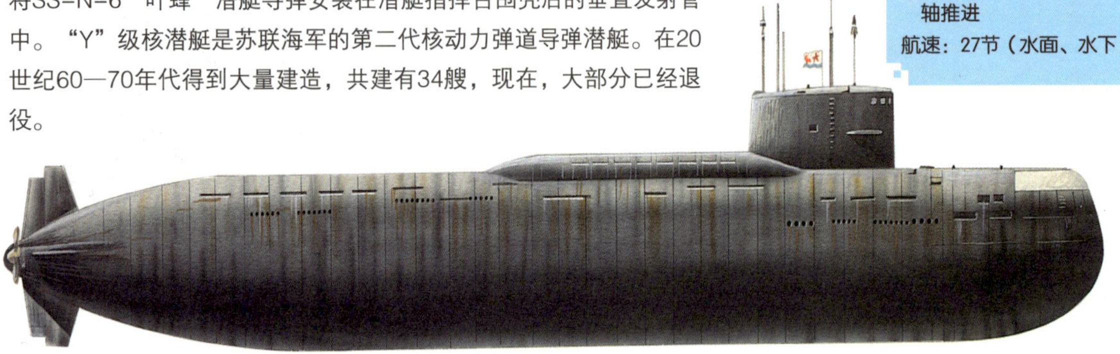

“鹦鹉螺”号潜艇

“鹦鹉螺”号潜艇是隶属于美国海军的一艘作战用潜艇。它除了是世界上第一艘实际运作服役的核子动力潜艇外，也是第一艘实际航行穿越北极的船只。

生产国：美国	航速：18节／20节（水面／水下）
艇长：98.45米（323英尺）	武器装备：6具53.3厘米（21英寸）口径鱼雷发射管
艇宽：8.23米（27英尺）	人员编制：111人
动力装置：核动力装置／蒸汽涡轮机／电动机，双轴推进	

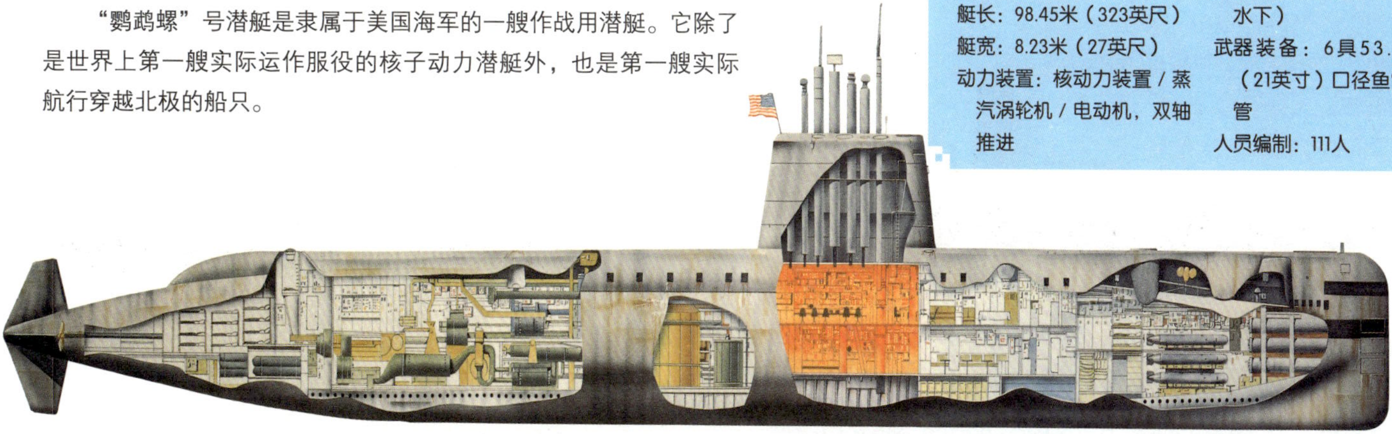

“D”级I型潜艇

苏联最初的667B型“D”级I型核动力弹道导弹潜艇携载12枚SS－N－8型导弹，但“D”级Ⅱ型和“D”级Ⅲ型又增加4枚，“D”级IV型潜艇载有16枚R–29RMSS–N–23型导弹。

生产国：苏联	航速：25节（水面、水下）
艇长：140米（459.31英尺）	武器装备：12枚D－9型弹道导弹，6具鱼雷发射管
艇宽：12米（39.37英尺）	人员编制：120人
动力装置：核动力装置，双轴推进	

“鲣鱼”级潜艇

美国海军“鲣鱼”级核潜艇为潜艇的性能提出了新标准，但威斯汀豪斯S5W型核反应堆的噪音太大，大大阻碍了潜艇的作战力。

生产国：美国
艇长：76.8米（251.96英尺）
艇宽：9.7米（31.82英尺）
动力装置：核动力装置，单轴推进
航速：30节（水面、水下）
武器装备：6具53.3厘米（21英寸）口径鱼雷发射管（位于艇首）
人员编制：114人

“长尾鲨”号潜艇

美国“长尾鲨”号核潜艇于1958年5月28日开工，1960年7月9日命名下水，1961年8月3日正式服役，“长尾鲨”号潜艇标志着核动力潜艇实验发展阶段的结束，美国海军充分挖掘了S5W型反应堆和BQQ-2型声呐的潜力。

生产国：美国
艇长：90.5米（296.91英尺）
艇宽：9.7米（31.82英尺）
动力装置：核动力装置，单轴推进
航速：27节（水面、水下）
武器装备：4具53.3厘米（21英寸）口径鱼雷发射管
人员编制：94人

“泽利乌”号潜艇

荷兰皇家海军“海象”级潜艇的设计图样，“泽利乌”号及其3艘姊妹潜艇均装备了鱼雷和导弹。

生产国：荷兰
艇长：67.7米（222.11英尺）
艇宽：8.4米（27.55英尺）
动力装置：柴油机/电动机，单轴推进
航速：13节/20节（水面/水下）
武器装备：4具53.3厘米（21英寸）口径鱼雷发射管，“鱼叉”反舰导弹
人员编制：52人

“阿尔法”级潜艇

苏联705型核动力潜艇非常独特，主要用于高速截击行动。其钛合金壳体和轻型反应堆屏蔽装置使其具备非常高的航速。

生产国：苏联
艇长：81.4米（267英尺）
艇宽：9.5米（31.16英尺）
动力装置：核动力装置，单轴推进
航速：45节（水面、水下）
武器装备：6具53.3厘米（21英寸）口径鱼雷发射管
人员编制：31人

“V”级III型潜艇

苏联“V”级III型核动力攻击潜艇的最显著特点是方向舵上段顶部的泪滴形短舱，里面装有一个拖曳式阵列声呐。是苏联第二代核潜艇，1967年入役，适合于水下高速航行。

生产国：苏联
艇长：104米（341.2英尺）
艇宽：10米（32.8英尺）
动力装置：核动力装置，单轴推进
航速：30节（水面、水下）
武器装备：6具53.3厘米（21英寸）口径鱼雷发射管
人员编制：94人

“快速”号潜艇

英国皇家海军第二代核潜艇非常成功，它们计划装备新型2076综合声呐系统和“战斧”式巡航导弹。

生产国：英国
艇长：82.9米（271.98英尺）
艇宽：9.8米（32.15英尺）
动力装置：核动力装置，单轴推进
航速：20节／30节（水面／水下）
武器装备：4具53.3厘米（21英寸）口径鱼雷发射管，潜射“鱼叉”导弹
人员编制：116人

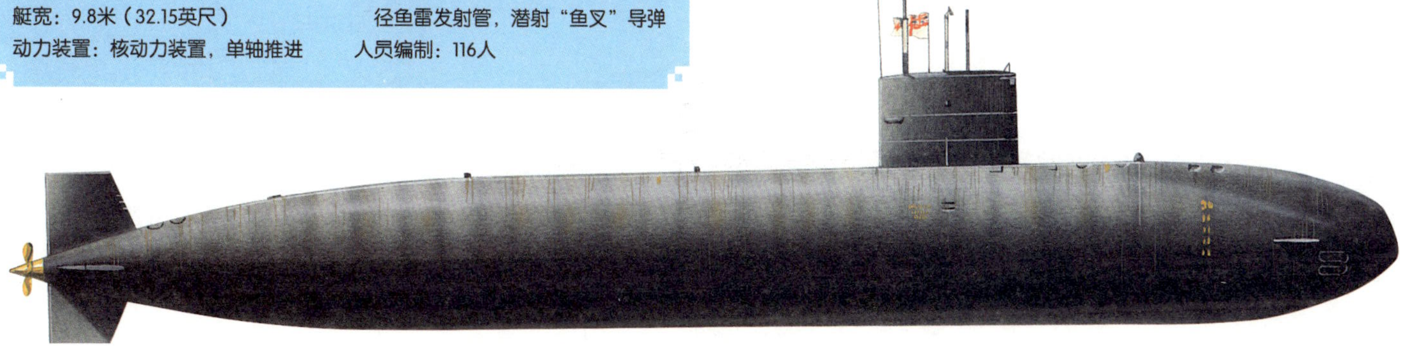

209/1200型潜艇

在209型潜艇的一系列改型潜艇中，640型潜艇的吨位最小。以色列从英国维克斯造船厂购买了3艘640型潜艇，均于1977年编入现役。1975—1983年，秘鲁海军先后分3批接收了6艘209/1200型潜艇，其中的“安加诺斯”号（前“卡斯马”号，舷号为SS31）携带了14枚美国制造的NT-37C型反舰/反潜鱼雷，以此来取代该艘潜艇上最初配备的德制武器。

生产国：英国
排水量：水面1185吨，水下1290吨
艇长：56米
艇宽：6.2米
推进系统：4台西门子MTU柴油电动机输出功率3730千瓦，1台西门子电动机输出功率2685千瓦，单轴驱动
航速：水面11节，水下21.5节
下潜深度：作战潜深300米，最大潜深500米
武器系统：8具533毫米口径鱼雷管（全部位于艇首），发射14枚AEGSSTMod4型和AEGSUT型反舰和反潜鱼雷（典型配置）
电子装置：1部“加里普索”对海搜索雷达，1部CSU3型声呐，1部DUUX2C型声呐或PRS3型声呐，1部电子支援系统，1套“瑟帕”Mk3型或“辛巴德”M8/24型鱼雷火控/战斗信息系统
人员编制：31人到35人

“拉斐特”号潜艇

1961—1967年，共有31艘“拉斐特”级核动力装置弹道导弹潜艇建造完成，所有潜艇均装备了A3“北极星”式导弹的后继型——“海神”式导弹。

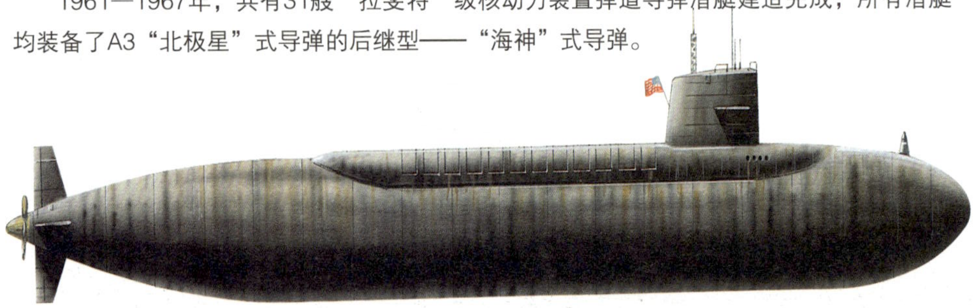

生产国：美国
艇长：112.6米（369.35英尺）
艇宽：10.1米（33.13英尺）
动力装置：核动力装置，单轴推进
航速：20节（水面、水下）
武器装备：16枚“海神”式弹道导弹，4具53.3厘米（21英寸）口径鱼雷发射管
人员编制：140人

“恩里科·托蒂”级潜艇

“恩里科·托蒂”级潜艇专门设计用于意大利周边海域浅水区的作战行动，艇艏位置安装了4具鱼雷发射管，可发射A184重型有线制导鱼雷。4艘该级潜艇的水下最大速度可达20节，但通常只能维持15节的航速。

生产国：意大利

排水量：水面535吨，水下591吨

艇长：46.2米

艇宽：4.7米

推进系统：2台柴油发动机和1台电动机，输出功率1641千瓦，单轴驱动

航速：水面14节，水下15节

下潜深度：作战潜深180米，最大潜深300米

武器系统：4具533毫米口径鱼雷管（全部位于艇艏），发射6枚A184型反舰和反潜两用鱼雷，或者12枚感应沉底水雷

电子装置：1部3RM20/SMG型对海搜索雷达，1部IPD64型声呐，1部MD64型声呐或PRS3型声呐，1套电子支援系统，1套鱼雷火控/战斗信息系统

人员编制：26人

“芫花”级巡逻潜艇

鉴于法国海军已决定今后只发展核动力攻击潜艇，因此当“芫花”级常规动力潜艇达到最高服役年限且陈旧老化之后，并没有建造任何常规动力潜艇对其进行替换，而是任其退出现役。然而，该级潜艇仍在巴基斯坦（4艘）、葡萄牙（2艘）、南非（2艘）和西班牙（4艘）等国海军舰队中服役。

生产国：法国
排水量：水面869吨，水下1043吨
艇长：57.8米
艇宽：6.8米
推进系统：2台SEMT型柴油电动机，2台电动机，输出功率1940千瓦，双轴驱动
航速：水面13.5节，水下16节
下潜深度：作战潜深300米，最大潜深575米
武器系统：12具550毫米口径鱼雷管（8具位于艇艏，4具位于艇艉），发射12枚反舰和反潜鱼雷或者感应沉底水雷
电子装置：1部“卡里普索”II型对海搜索雷达，1部DUUX2型声呐，1部DSUV2型声呐，1部DUUA1型和2型声呐，1套鱼雷火控/战斗信息系统
人员编制：54人

“海象”级潜艇

荷兰海军在20世纪70年代晚期订购的2艘“海象”级潜艇，在很大程度上属于“海龙”级潜艇的改进版本，只不过装备了更多的现代化电子系统和自动控制装置，艇员人数大幅度减少。

生产国：荷兰
排水量：水面2390吨，水下2740吨
艇长：67.7米
艇宽：8.4米
推进系统：3台柴油发动机，输出功率4700千瓦；1台电动机，输出功率5150千瓦，单轴驱动
航速：水面13节，水下20节
续航力：18500千米（9节巡航速度）
下潜深度：作战潜深450米，最大潜深620米
武器系统：4具533毫米口径鱼雷管（全部位于艇艏），发射20枚Mk48型反舰和反潜两用有线制导鱼雷，或40枚沉底水雷，或“鱼叉”潜射反舰导弹
电子装置：1部ZW-07型对海搜索雷达，1部TSM2272型“章鱼”主动/被动艇艏声呐，1部2026型拖曳阵列被动声呐，1部DUUX5型被动式测距和拦截声呐，1套GTHW鱼雷/导弹火控系统，1部“吉普赛人”数据系统，1套SEWACOⅧ型战斗信息系统，1套ARGOS700电子支援系统
人员编制：52人

“F”级潜艇

从1958年开始，苏联各种类型的“F”级潜艇总共建造了79艘。令人惊奇的是，即使是过了这一时期之后，基本型号的“F”级潜艇仍在进行建造并出口到印度、利比亚和古巴（在1979年到1984年接收了3艘）等国，当然，这些用于出口的潜艇所装备的电子系统性能不很出色。

生产国：苏联
排水量：水面1952吨，水下2475吨
艇长：91.3米
艇宽：7.5米
推进系统：3台37-D型柴油发动机，输出功率4400千瓦；3台电动机，三轴驱动
航速：水面16节，水下15节
续航力：32186千米（以8节水面航速），612千米（以2节水下航速）
武器系统：10具533毫米口径鱼雷发射管，其中6具置于艇艏，4具置于艇艉
基本战斗载荷：22枚533毫米口径反舰或反潜鱼雷，或者32枚水雷
电子装置：1部对海搜索雷达，1套电子支援系统，1部高频主动/被动搜索和攻击声呐
人员编制：75人（军官12人）

“T”级潜艇

苏联的“T”级潜艇的建造工作于1982年全部完成。该级潜艇在设计时继承了“F”级潜艇的优点，具备更强的蓄电能力和更先进的电子系统。此外，“T”级在艇体设计上比“F”级先进，更适于进行水下作战。

生产国：苏联
排水量：3100吨（水面），3800吨（水下）
艇长：91米
艇宽：9.1米
推进系统：3台柴油发动机，输出功率4.6兆瓦；3台电动机，三轴驱动
航速：水面13节，水下16节
下潜深度：250米作战潜深，300米最大潜深
武器系统：6具533毫米口径鱼雷发射管（置于艇艏）
基本战斗载荷：24枚533毫米口径反舰和反潜鱼雷，或者相同数量的水雷
电子装置：1部“魔盘”对海搜索雷达，1部中频主动/被动搜索和攻击声呐，1套“鱿鱼群”电子支援系统，1部高频主动攻击声呐
人员编制：62人（军官12人）

“可畏”级潜艇

1971年12月服役的“可畏”号核动力弹道导弹潜艇是法国海军的第一艘战略导弹潜艇。

生产国：法国
排水量：8045吨（水面），8940吨（水下）
艇长：128.7米
艇宽：10.6米
推进系统：1座压水式反应堆，2台蒸汽涡轮机，单轴驱动
航速：水面18节，水下25节
下潜深度：作战潜深250米，最大潜深330米
武器系统：16具导弹发射管，发射16枚M20型潜射弹道导弹；4具533毫米口径艇艏鱼雷发射管，发射18枚L5型两用鱼雷和F17型反舰导弹

“台风”级核动力弹道导弹潜艇

俄罗斯海军的“台风”级潜艇在发射它所携载的200多枚核弹头时，根本不需要下潜甚至不必出海就可以进行。在冷战期间，苏联北方舰队的“台风”级潜艇即使停泊在母港，其潜射导弹也可以攻击美国大陆的任何目标。

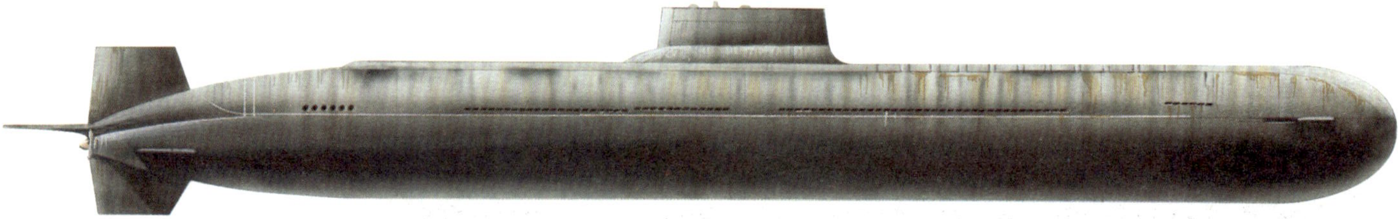

“红宝石”级攻击潜艇

法国在核潜艇的发展方面拒绝接受美国的帮助，这种做法使得法国第一艘核动力攻击潜艇进入舰队服役的时间比英国晚了20年。

生产国：法国
类型：核动力攻击潜艇
排水量：2385吨（水上），2670吨（水下）
艇长：72.1米
艇宽：7.6米
推进系统：1座输出功率48兆瓦的压水式反应堆，2台涡轮交流发电机，单轴驱动
航速：水面18节，水下25节
下潜深度：通常潜深300米，最大潜深500米
鱼雷管：4具550毫米口径鱼雷发射管（全部置于艇艏）
基本战斗载荷：10枚F17型有线制导反舰鱼雷或者L5mod3型反潜鱼雷，4枚SM.39型“飞鱼”导弹，或者28枚TSM35型沉底水雷
电子装置：1部“凯文·休斯”对海搜索雷达，1部DMUX20型多功能声呐，1部DSUV62C型被动式拖曳阵列声呐，1套ARUR13/DR3000U型电子支援系统
人员编制：66人

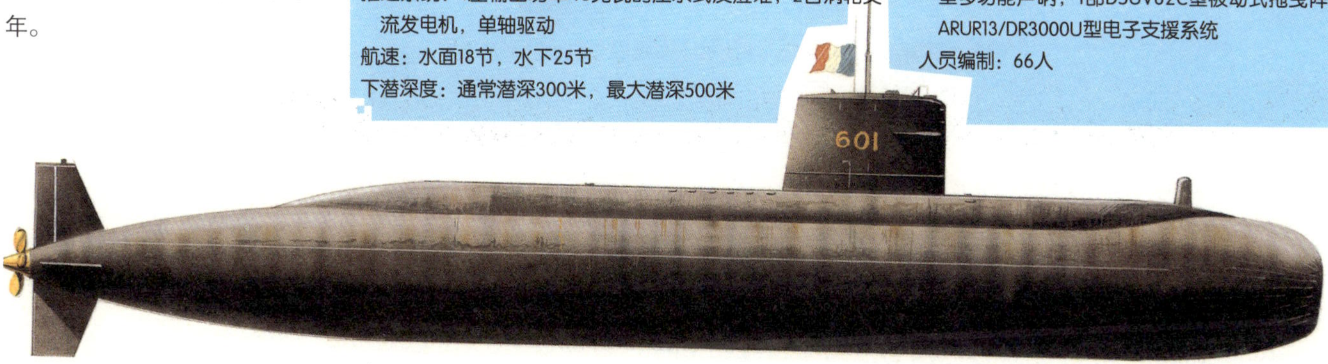

生产国：俄罗斯
排水量：23200 ~ 24500吨（水面），33800 ~ 48000吨（水下）
艇长：170 ~ 172米
艇宽：23 ~ 23.3米
推进系统：2座OK-650型压水式反应堆，输出功率190兆瓦；2台蒸汽涡轮机，输出功率37.3兆瓦；双轴推进
航速：水面12 ~ 16节，水下25 ~ 27节
下潜深度：500米
武器系统：D-19型导弹发射管，发射20枚R-39型（北约代号SS-N-20“鲟鱼”）潜射弹道导弹；2具650毫米口径鱼雷发射管，4具533毫米口径鱼雷发射管，分别发射RPK-7型“风”（北约代号SS-N-16“种马”）和RPK-2型Viyoga（北约代号SS-N-15“海星”）或者VA-111型“暴风雪”鱼雷
电子装置：1部对海搜索雷达，1套电子支援系统，1部低频艇艏声呐，1套中频鱼雷火控声呐，甚高频/超高频/特高频通信系统，1部超低频拖曳式浮标，1根极低频/超低频无线电天线
人员编制：150 ~ 175人（50 ~ 55名军官）

“本杰明·富兰克林”级核动力弹道导弹潜艇

美国最后建造的12艘“拉斐特”级核动力弹道导弹潜艇被美国海军正式定级为“本杰明·富兰克林”级，这是因为它们在建造时安装了静音性能更优异的推进装置。其中，有6艘该级潜艇经过改建之后，用“三叉戟”IC4型潜射弹道导弹替代了最初装备的“北极星”A3型潜射弹道导弹。

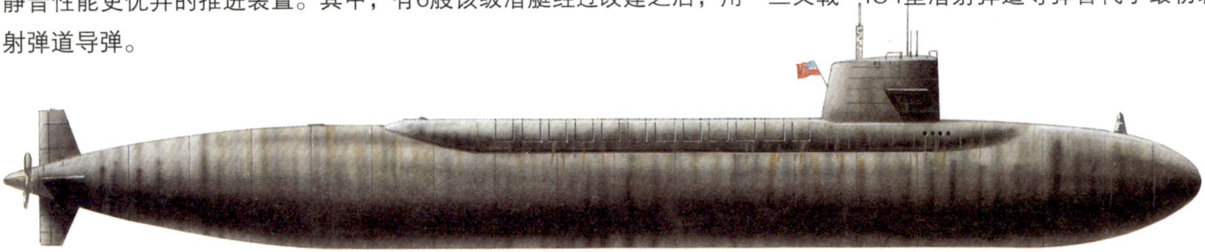

生产国：美国
排水量：7250吨（水上），8250吨（水下）
艇长：129.6米
艇宽：10.06米
推进系统：1座S5W型压水式反应堆，2台蒸汽涡轮机，输出功率11185千瓦，单轴驱动
航速：水面28节，水下大约25节
下潜深度：作战潜深350米，最大潜深465米
武器系统：16具导弹发射管，发射16枚“海神”C3型或“三叉戟”IC4型潜射弹道导弹；4具533毫米口径鱼雷发射管，发射12枚Mk48型反潜/反舰鱼雷
电子装置：1部BPS-11A型或BPS-15型对海搜索雷达，1套电子支援系统，1部BQR-7型声呐，1部BQR-15型拖曳阵列声呐，1部BQR-19型声呐，1部BQR-21型声呐，1部BQS-4型声呐，大量的通信和导航系统
人员编制：143人

“N”级潜艇

作为苏联研制的第一种核动力潜艇，“N”级潜艇缺乏后期潜艇通常采用的“泪滴状”标准艇体。然而，该级潜艇却拥有着相当高的航速，所携带的核鱼雷令敌人望而生畏。

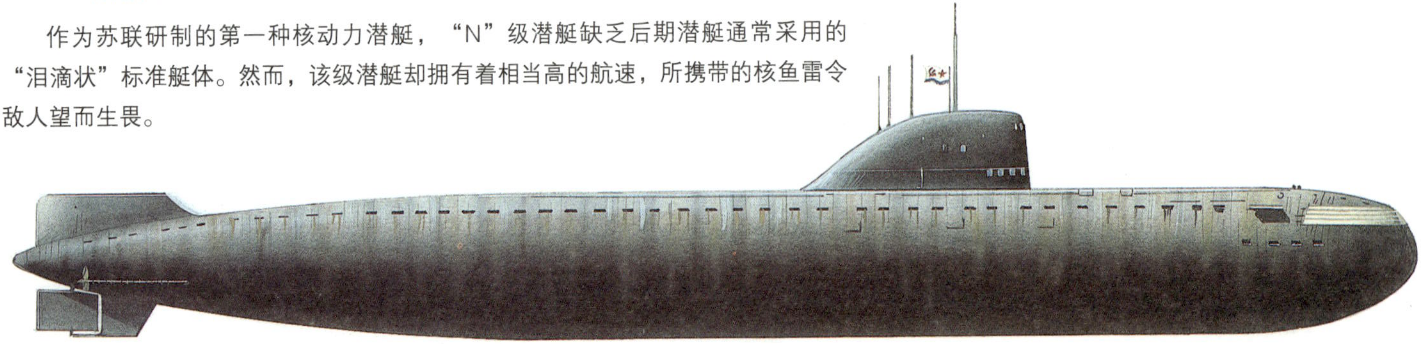

“基洛”级（4B型）潜艇

苏联在共青城以及其他两个造船厂建造的“基洛”级柴电动力潜艇的设计方案源于航程较远的“T”级潜艇。尽管该级潜艇的蓄电池组在较热环境下会出现许多问题，但对于北非、中东和远东地区等国的出口量还是相当可观的。

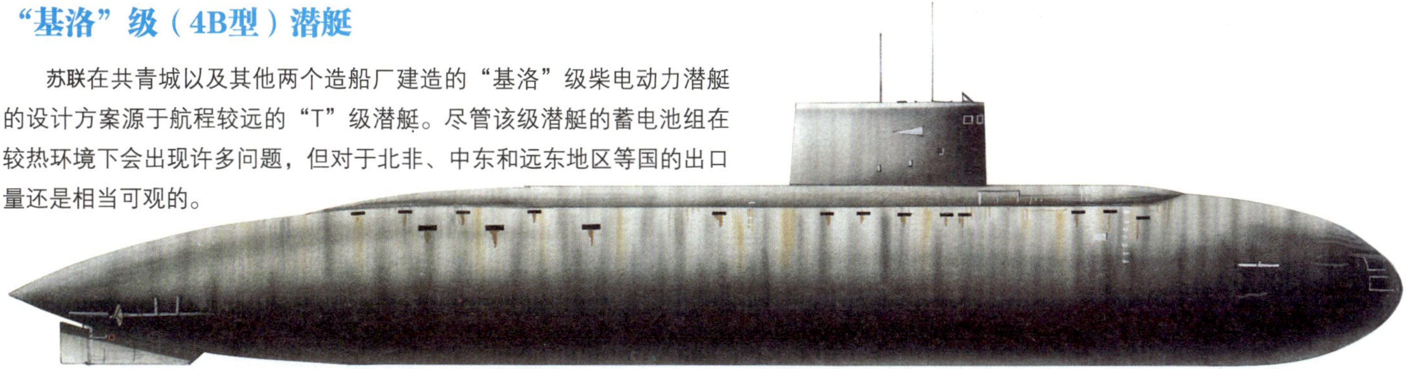

生产国：苏联

排水量：水面2325吨，水下潜3076吨

艇长：73.8米

艇宽：9.9米

动力系统：2台输出功率为2720千瓦（3650轴马力）的柴油机和1台输出功率为4400千瓦（5900轴马力）的电动机

航速：水面航速10节，潜航速度17节，通气管状态航行、航速8节时的航程为11125千米（6915英里），潜航状态下航速3节时的航程为740千米（460英里）

下潜深度：作战潜深为240米（790英尺）

鱼雷发射管：6具533毫米口径（21英寸）鱼雷发射管（全部置于艇艏），配备18枚到24枚鱼雷,预留1座近程防空导弹发射装置。

电子系统：1部“魔盘”搜索雷达，1部“鲨鱼齿”/“鲨鱼鳍”主动式/被动式艇体声呐，1部“鼠叫”主动攻击型艇体声呐，1套MVU-110EM型或者MVU-119EM型鱼雷火控系统，1套“乌贼头”或“砖浆”电子监视系统。

人员编制：52人

生产国：苏联

类型：核动力攻击潜艇

排水量：4200吨（水上），5000吨（水下）

艇长：109.7米

艇宽：9.1米

推进系统：2座液态金属或压水式核反应堆，2台蒸汽涡轮机，双螺旋桨驱动

航速：水面15节，水下30节

下潜深度：作战潜深214米，最大潜深300米

鱼雷管：8具533毫米口径鱼雷发射管（置于艇艏），2具406毫米口径鱼雷发射管（置于艇艉）

基本战斗载荷：最多可携载20枚533毫米口径鱼雷，通常情况下携载14枚533毫米反舰或反潜鱼雷、6枚533毫米口径核反舰鱼雷（爆炸当量1.5万吨），外加2枚406毫米口径反舰鱼雷

电子装置：1部RLK-101型搜索雷达，1部MG-100型“阿尔克蒂卡”主动声呐，1部MG-10“费尼克斯”被动声呐，1台MG-13型声呐拦截接收机，1部“拉克”鱼雷探测声呐，1部水下电话，甚高频/超高频通信系统

人员编制：24名军官，86名士兵

“V3”级潜艇

这是一艘苏联海军“V3”级潜艇，它的上方向舵顶部吊舱是专门用来放置一套拖曳声呐天线的。与此同时，这种天线是首次出现在苏联潜艇设计之中的。为了与这种远程探测声呐相匹配，该级潜艇可以装备SS-N-15型和SS-N-16型反潜导弹。

生产国：苏联
类型：核动力攻击潜艇
排水量：5000吨（水面），7000吨（水下）
艇长：107.2米
艇宽：10.8米
推进系统：与“V1”级潜艇相同
航速：水面18节，水下30节
下潜深度：与“V1”级潜艇相同
鱼雷管：与“V2”级潜艇相同
基本战斗载荷：与“V2”级潜艇相同
导弹：与“V2”级潜艇相同，外加2枚“格兰纳特”巡航导弹（北约代号SS-N-21“桑普森”）或者2枚“风”（北约代号SS-N-16“种马”）火箭鱼雷
电子装置：与“V2”级潜艇相同，外加1部“皮森”拖曳式声呐
人员编制：115人

“涡潮”级潜艇

“涡潮”级潜艇是日本在战后建造的第四级常规动力潜艇。“涡潮”级采用了大量新技术，在当时称得上是一型先进潜艇。

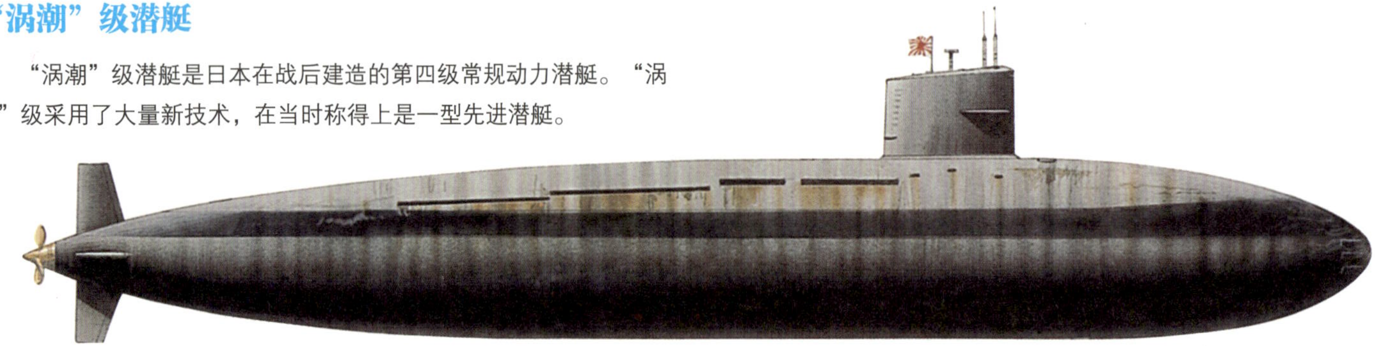

“洛杉矶”级潜艇

美国海军“洛杉矶”级潜艇是世界上建造数量最多的核动力攻击潜艇，同时也是仅次于“海狼”级潜艇的造价最昂贵的潜艇。一共有62艘建成的“洛杉矶”级潜艇中，有40多艘仍在服役。

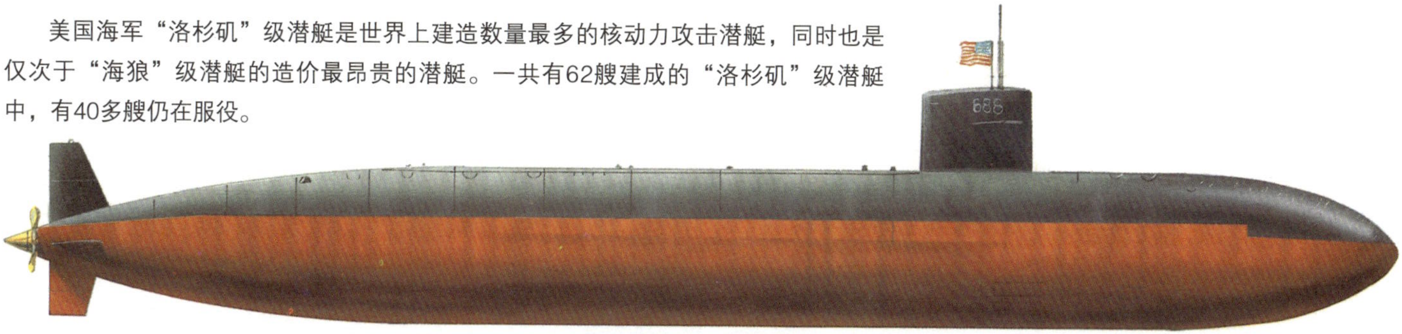

生产国：美国
艇长：110.34米
艇宽：10.06米
动力装置：1座S6G型压水式反应堆，2台蒸汽涡轮机，输出功率26095千瓦，单轴推进
航速：水面18节，水下32节
武器装备：4具533毫米口径鱼雷发射管，配备包括Mk48型鱼雷在内共26枚鱼雷；潜射“鱼叉”和“战斧”导弹；（从SSN-719号潜艇开始）12具外置“战斧”战术巡航导弹发射管（目前携带的是“战斧”C型和D型战术巡航导弹）
人员编制：133人

生产国：美国
类型：柴油动力攻击型潜艇
排水量：标准水面排水量为1850吨，水下排水量3600吨
艇长：72米
艇宽：9.90米
动 力系统：2台川崎公司制造的V8/V24-30型柴油机，在水面航行状态下输出功率为2685千瓦（3600轴马力），潜航状态下输出功率为5369千瓦（7200轴马力）
航速：浮航12节［22千米/时（14英里/时）］，潜航20节［37千米/时（23英里/时）］
下潜深度：正常下潜深度为200米
鱼雷发射管：6具533毫米口径（21英寸）口径鱼雷发射管，位于艇体中段
基本载荷：18枚鱼雷，通常包括自动寻的鱼雷
人员编制：80人

“图皮”级潜艇

S-30号是德国人设计的“图皮”级潜艇的首艇。“图皮”号潜艇建造于德国，1989年5月建成交付巴西，随之而来的是3艘巴西人自己建造的潜艇。

生产国：德国
该级别的潜艇包括：“图皮”号、“坦莫艾”号、“蒂姆比拉”号、“塔帕乔”号
排水量：水面1400吨，水下1550吨
艇长：61.2米
艇宽：6.2米
动力系统：4台输出功率为1800千瓦（2414轴马力）的MTU12V493AZ80型柴油机和1台输出功率为3425千瓦（4595轴马力）的西门子电动机，单轴推进
航行航速：浮航/柴油机通气管状态航行时的航速为11节，潜航航速为21.5节；浮航状态下航程为15000千米（9320英里）/8节，潜航状态下航程为740千米（460英里）/4节
下潜深度：250米
武器系统：8具533毫米口径的鱼雷发射管，可总共配备达16枚Mk241型或2型“虎鱼”线导鱼雷或者巴西康萨伯IpqM研究所的反潜鱼雷
电子系统：1部“卡里普索”导航雷达，1套DR-4000电子监视系统,1部CSU83/1型艇体安装的被动式探测/攻击声呐
人员编制：30人

“支持者”级巡逻潜艇

由于经费限制和国际形势变化等原因，“支持者”级潜艇最终只建造了4艘，从1990年开始编入英国皇家海军服役，装备了“旗鱼”鱼雷和UGM-84B型“鱼叉”潜射反舰导弹等先进武器。1994年，从英国皇家海军舰队中退役。1998年被加拿大政府买走，更名为“维多利亚”级潜艇。

生产国：英国
艇长：70.3米
艇宽：7.6米
动力装置：2台“瓦伦塔”16SZ型柴油发动机，输出功率2700千瓦；1台通用电气公司制造的电动机，输出功率4025千瓦，单轴驱动
航速：水面12节，水下20节
武器装备：6具533毫米口径鱼雷发射管（全部置于艇艏），配备18枚Mk48Mod4型有线制导主动/被动自动寻的两用鱼雷；原来预备的水雷和潜射型“鱼叉”反舰导弹已被拆除，有可能增加防空能力。
人员编制：53人

航空母舰

在第一次世界大战期间，为了执行作战舰队的护航任务，尚处于雏形阶段的航空母舰开始在战场上出现，并得到了飞速发展。在第二次世界大战期间，航空母舰已经发展成为一种极具决定性的海军武器。发展至今，航空母舰已是现代海军不可或缺的武器，也是海战最重要的舰艇之一。

“乔治·华盛顿·帕克·卡斯蒂斯”号

1861年8月从华盛顿海军造船厂得到了一艘煤炭驳船进行改装，将其命名为“乔治·华盛顿·帕克·卡斯蒂斯”号，这是第一艘专门设计用于执行空中任务的舰船。1863年，它被送回海军造船厂，到1863年年中的时候，其所载气球由陆军“五月花”号炮舰进行操纵。1862年，联邦军队再次利用气球来指引密西西比河上的舰船进行炮击行动。

生产国：美国	舰宽：4.4米（14英尺6英寸）
排水量：122吨（120长吨）	吃水：1.7米（5英尺6英寸）
舰长：24.3米（80英尺）	

“闪电”号鱼雷艇母舰

法国海军“闪电”号鱼雷艇母舰能够搭载10艘小型鱼雷艇。它后来被改装成一艘水上飞机母舰，参加了第一次世界大战。

生产国：法国	动机
排水量：6186吨（6089长吨）	航速：19节
舰长：118.7米（389英尺5英寸）	武器装备：8门9.9厘米（3.9英寸）口径舰炮
舰宽：17.2米（56英尺5英寸）	人员编制：328人
吃水：7.2米（23英尺7英寸）	飞机：4架
动力装置：双螺旋桨，垂直三联式发	

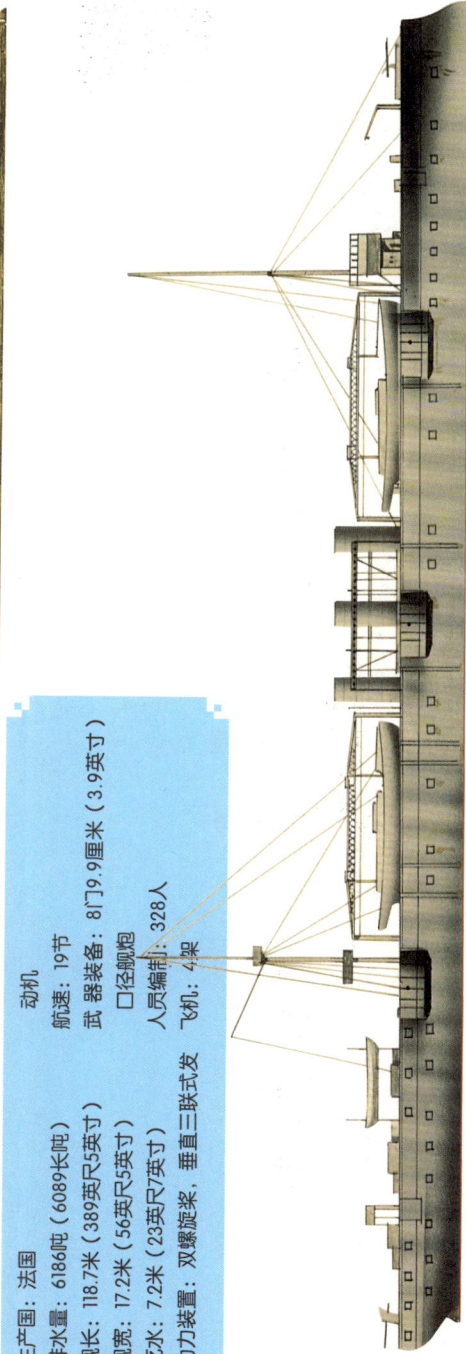

“恩格达恩”号航空母舰

英国皇家海军“恩格达恩”号航空母舰的前身是一艘远洋蒸汽班轮，经过改装之后编入巡洋舰部队，后编入皇家海军大舰队赴北海海域服役。

生产国：英国
排水量：1702吨（1676长吨）
舰长：96.3米（316英尺）
舰宽：12.5米（41英尺）
吃水：4.6米（15英尺）
动力装置：三螺旋桨涡轮机
航速：21节
武器：2门10.2厘米（4英寸）口径火炮：1门6磅火炮
人员编制：250人
舰载机：6架

“欧罗巴”号航空母舰

1915—1918年，意大利海军“欧罗巴”号水上飞机母舰在亚得里亚海服役。该舰共搭载8架飞机。

生产国：意大利
排水量：8945吨（8805长吨）
舰长：123米（403英尺）
舰宽：14米（46英尺）
吃水：7.6米（25英尺）
动力装置：单螺旋桨垂直三联式发动机
航速：12节
武器装备：2门30毫米（1.2英寸）口径防空火炮
人员编制：394人
飞机：8架

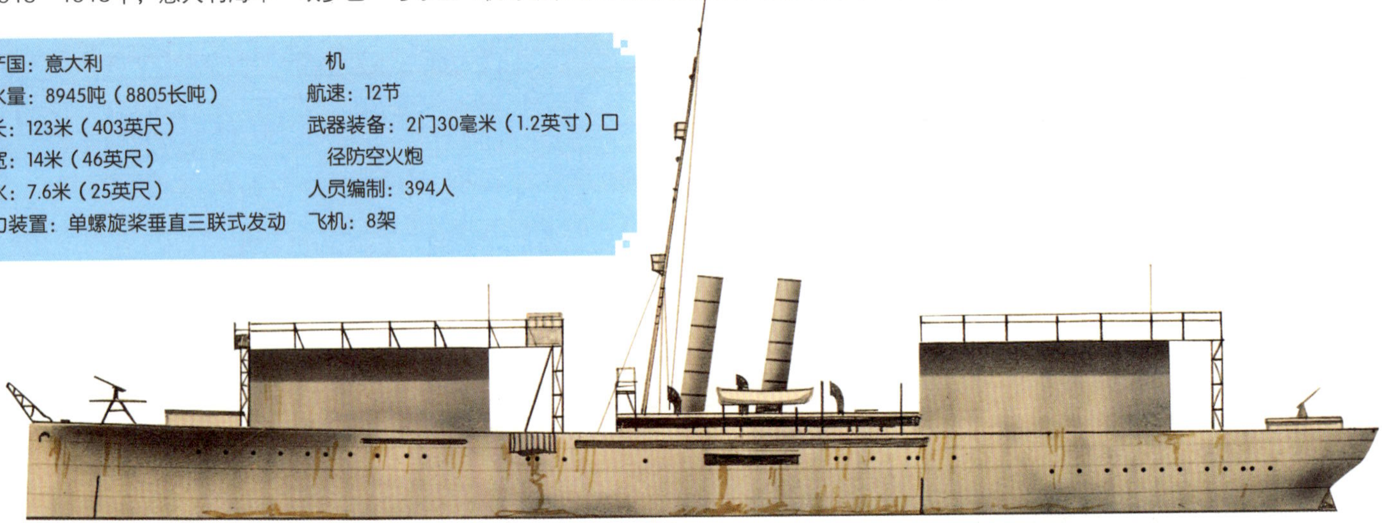

“坎帕尼亚”号航空母舰

1914—1915年，“坎帕尼亚”号被改装成一艘水上飞机母舰，前甲板建有一条飞行平台。

生产国：英国
排水量：18288吨（18000长吨）
舰长：189米（620英尺）
舰宽：20米（65英尺3英寸）
动力装置：双螺旋桨，三联式发动机
航速：22节
人员编制：416人

“兰利”号航空母舰（CV-1）

1936年，“兰利”号的飞行甲板前部被拆除，改装成为水上飞机母舰。在其短暂的战斗生涯中，作为美国海军第一艘航空母舰，它一直承担着运输飞机的任务，直到1942年2月被日本轰炸机炸沉。

生产国：美国
排水量：标准排水量11050吨；满载排水量14700吨
尺寸：全长165.3米；飞行甲板宽19.96米；吃水7.32米
动力装置：单轴蒸汽涡轮—电力推进，动力5335千瓦(7150轴马力)
航速：14节
防护装甲：无
武器装备：4门127毫米口径高射炮
舰载机：(1923年)30架战斗机
编制人数：410名军官和士兵

“本·麦·克里”号航空母舰

英国“本·麦·克里”号（如图所示）、“马恩岛人”号和“温迪克斯”号航空母舰与早期改装的大部分航空母舰不同，其飞行甲板建在舰首。

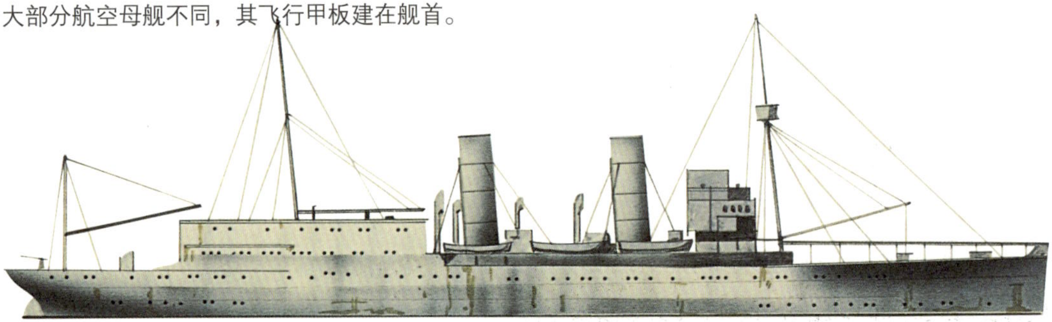

生产国：英国
排水量：3942吨（3880长吨）
舰长：114米（375英尺）
舰宽：14米（46英尺）
吃水：5.3米（17英尺5英寸）
动力装置：双螺旋桨涡轮机
航速：24.5节
人员编制：250人
舰载机：4架

“贝恩”号航空母舰

20世纪20年代初期，法国海军用战列舰改装的“贝恩”号航空母舰。该舰由于航速太慢，导致作战能力低下。

生产国：法国
排水量：28854吨（28400长吨）
舰长：182.5米（599英尺）
舰宽：27米（88英尺11英寸）
吃水：9米（30英尺6英寸）
动力装置：四螺旋桨，三联式涡轮发动机
航速：21.5节
武器系统：8门15.2厘米（6英寸）口径火炮
人员编制：875人
舰载机：40架

“鹰”号航空母舰

尽管英国皇家海军“鹰”号航空母舰的航速相对较慢，但它汲取了一些先进的技术性能，在二战中取得了相当出色的成就，后于1942年被击沉。

生产国：英国
排水量：27664吨（27229长吨）
舰长：203.4米（667英尺6英寸）
舰宽：32米（105英尺）
吃水：8米（26英尺3英寸）
动力装置：四螺旋桨涡轮机
航速：22.5节
武器系统：5门10.2厘米（4英寸）、9门15.2厘米（6英寸）口径火炮
人员编制：950人
舰载机：24架

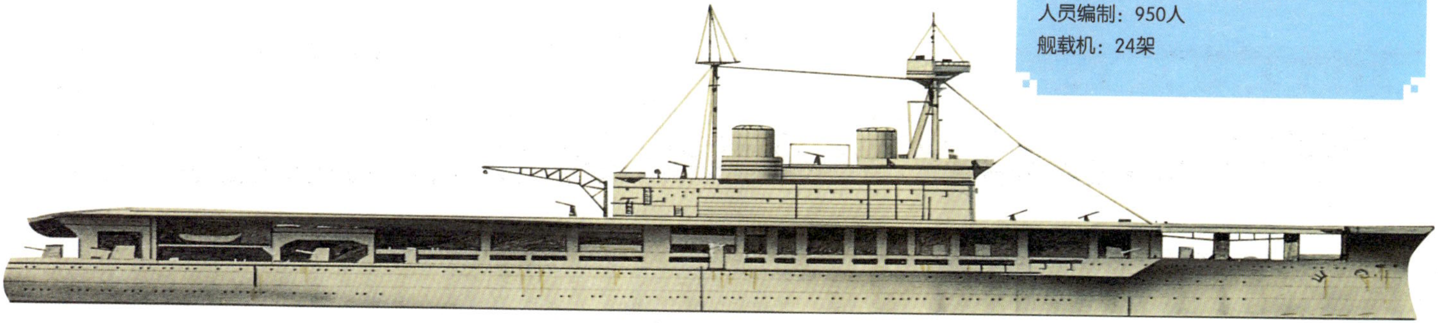

“列克星敦”号航空母舰

1942年，当“列克星敦”号老式航空母舰在珊瑚海海战中被击沉后，一艘“埃塞克斯”级航母被重新命名为“列克星敦”号（CV—16）。美国海军“列克星敦”号和“萨拉托加”号航空母舰为了围住16台锅炉的上升烟道，每艘舰上都安装了高大的烟囱。它们均在第二次世界大战爆发前夕拆除了原来的8英寸（203毫米）口径火炮。在1945年之前，“萨拉托加”号在外观上几乎焕然一新。

生产国：美国
排水量：35438吨（34880长吨）
舰长：265.7米（871英尺9英寸）
舰宽：29.2米（96英尺）
吃水：8.3米（27英尺6英寸）

动力装置：四螺旋桨涡轮机
航速：32.7节
武器系统：12门127毫米（5英寸）口径火炮
人员编制：2682人
舰载机：91架

“赤城”号航空母舰

1941年12月改建成功的“赤城”号航空母舰的前身是1927年建成的一艘战列巡洋舰，排水量高达41000吨，在两座机库甲板的前部配置了2条小型起飞甲板。在1935—1938年间进行的改建中，该舰增加了一条全通式飞行甲板。

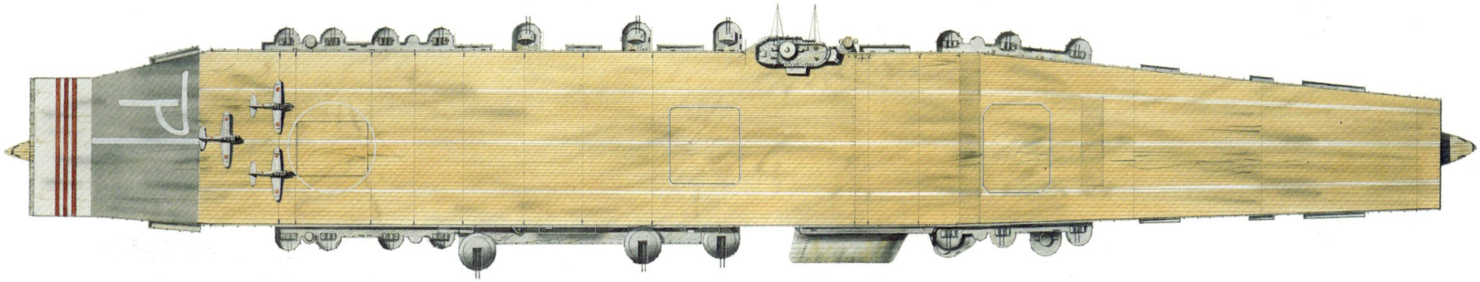

生产国：日本	航速：32.5节
排水量：29580吨（29114长吨）	武器系统：10门20.3厘米（8英寸）口径火炮，12门11.9厘米（4.7英寸）口径火炮
舰长：248米（816英尺11英寸）	人员编制：2000人
舰宽：30.5米（100英尺）	舰载机：91架
吃水：8.1米（26英尺7英寸）	
动力装置：涡轮机，四轴推进	

“斯帕里罗”号航空母舰

事实上，意大利海军直到第二次世界大战才开始重视起航空母舰的作用，他们用一些班轮改建成“斯帕里罗”号等一系列航空母舰。

生产国：意大利
排水量：30480吨（30000长吨）
舰长：202.4米（664英尺2英寸）
舰宽：25.2米（82英尺10英寸）
吃水：9.2米（30英尺2英寸）
动力装置：四螺旋桨，柴油发动机
航速：18节（与班轮的速度一样）
武器系统：6门15.2厘米（6英寸），4门10.2厘米（4英寸）口径火炮
人员编制：未知
舰载机：未知

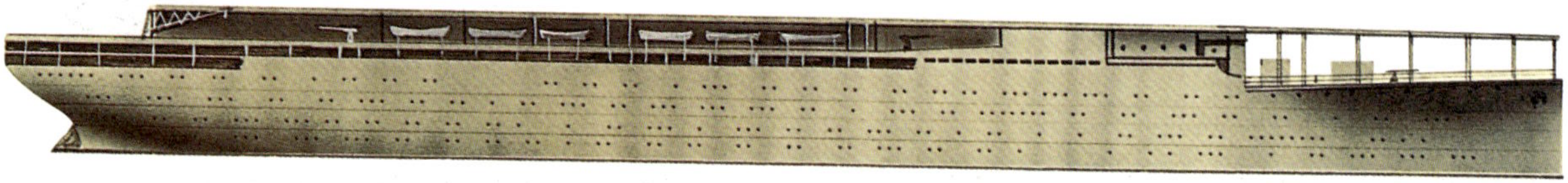

“齐柏林伯爵”号航空母舰

德国“齐柏林伯爵”号航空母舰的设计方案存在着诸多缺陷。德国人就该舰的舰载机问题进行了激烈的争论，但始终未能找到一个满意的解决方案。

生产国：德国
排水量：28540吨（28090长吨）
舰长：262.5米（861英尺3英寸）
舰宽：31.5米（103英尺4英寸）
吃水：8.5米（27英尺10英寸）
动力系统：四螺旋桨涡轮机
航速：35节
武器系统：12门10.4厘米（4.1英寸）、16门15厘米（5.9英寸）火炮
人员编制：1760人（估计）
舰载机：42架

“大凤”号航空母舰

作为日本最先进的航空母舰，“大凤”号航空母舰配置有一条装甲飞行甲板、封闭的舰首，以及最先进的防空设备（包括首次安装的1部空中预警雷达）。“大凤”号在菲律宾海海战之前丧命。

生产国：日本
排水量：标准排水量29300吨，满载排水量37270吨
尺寸：长260.5米，宽27.7米，吃水9.6米
机械装置：4轴推进，蒸汽轮机，输出功率134225千瓦（180000轴马力）
速度：33节
武器装备：6门双联装100毫米口径高射炮和15座三联装25毫米高射炮
飞机：30架D4Y“彗星”俯冲轰炸机，27架A6M“零”式战斗机和18架B6N“天山”鱼雷轰炸机
编制人数：2150人

“云龙”级航空母舰

“云龙”级有一套标准设计，批量生产。尽管计划建造17艘，但仅有3艘按照“飞龙”号改进而成，唯一一艘“云龙”号完工后参加了战争。

生产国：日本
排水量：标准排水量17250吨，满载排水量22550吨
尺寸：长227.2米，宽22米，吃水7.8米
机械装置：蒸汽轮机
输出功率：“云龙”号113345千瓦(152000轴马力)，“阿苏”号和“葛城”号77555千瓦(104000轴马力)，四轴驱动
航行速度：“云龙”号34节，“阿苏”号和“葛城”号32节
装甲设备：25~150毫米装甲带，55毫米装甲甲板
武器装备：12门127毫米两用途火炮及51~89座25毫米高射炮
飞机：64架
编制人数：1450人

“信浓”号航空母舰

“信浓”号航空母舰的前身是第三艘“大和”级战列舰，是当时最大吨位的航空母舰。由于飞机容量不大，再加上速度极低，它最后只能作为前线航空母舰的维修与补给基地。即便如此，它的这种任务也是注定无法完成的。

生产国：日本
排水量：74208吨（73040长吨）
舰长：266米（872英尺9英寸）
舰宽：40米（131英尺3英寸）
吃水：10.3米（33英尺9英寸）
动力装置：四螺旋桨涡轮机
航速：28节
武器系统：16门12.7厘米（5英寸）和145门25毫米（1英寸）口径火炮，336座火箭发射器
人员编制：2400人
舰载机：120架

“隼鹰”级航空母舰

“隼鹰”级航空母舰拥有宽敞的班轮舱体，配备两座机库，但速度较慢。由于没有安装飞机弹射器，飞机作战受到影响。该级的两艘航空母舰均参加了菲律宾海海战，其中，“隼鹰”号遭到重创，“飞鹰”号被击沉。

生产国：日本
排水量：标准排水量24500吨，满载排水量26960吨
尺寸：长219.2米，宽26.7米，吃水8.2米
推进装置：齿轮蒸汽轮机，输出功率41760千瓦（56000轴马力），双轴驱动
速度：25节
装甲设备：无
武器装备：12门127毫米两用高射炮和24座25毫米高射炮
舰载机飞机：53架
编制人数：1220人

“大鹰”级护航航空母舰

日本3艘“大鹰”级护航航空母舰主要用于飞机运输和训练。舰上的重型高射炮形同虚设。这3艘航空母舰全部被美国海军潜艇所击沉，其中，“大鹰”号被“雷舍尔”号潜艇击沉，“云鹰”号被“鱼钩”号潜艇击沉，“冲鹰”号被“旗鱼”号潜艇击沉。

生产国：日本
排水量：标准排水量17850吨
尺寸：长180.1米，宽22.5米，吃水8米，飞行甲板171.9米×23.5米
机械装置：蒸汽轮机，输出功率18790千瓦(25200轴马力)，双轴驱动
装甲设备：无
武器装备：8门127毫米(5英寸)两用途高射炮（除“大鹰”号外）和8门（后为22门）25毫米高射炮
飞机：27架
编制人数：800人

“凤翔”号轻型航空母舰

与日本大多数早期航空母舰一样，“凤翔”号采用的是平甲板设计。

生产国：日本
舰种：轻型航空母舰
排水量：标准排水量7470吨，满载排水量10000吨
尺寸：全长168.1米，宽18米，吃水6.2米
机械装置：双轴推进，蒸汽涡轮机，输出功率22370千瓦（30000轴马力）
航速：25节［46千米/小时（29英里/小时）］
防护装甲：不详
武器装备：4门140毫米口径火炮，2门80毫米口径高射炮（1941年），8门双联装25毫米口径高射炮
飞机：（1942年）11架“九七”式鱼雷轰炸机
编制人数：550

“加贺”号航空母舰

与其姊妹舰航空母舰“赤城”号一样，“加贺”号航空母舰的飞行甲板较短，前面有两个起飞甲板，这增加了航空母舰的复杂性。在20世纪30年代中期的一次改装中，该舰拥有一条全飞行甲板和一个导航岛。

生产国：日本
舰种：舰队航空母舰
排水量：1941年标准排水量38200吨，满载排水量43650吨
尺寸：全长247.6米，飞行甲板以上宽32.5米，吃水9.5米
机械装置：4轴推进，蒸汽涡轮机，输出功率95020千瓦（127400轴马力）
速度：28节［52千米/小时（32英里/小时）］
装甲设备：15.2厘米装甲履带，3.8厘米的装甲甲板（主甲板，位于机库以下）
武器装备：10门200毫米和12门11.9厘米的高射炮，后安装的高射炮为16门127毫米的两用高射炮和11门双联装25毫米的高射炮
舰载机：90架战斗机、俯冲轰炸机和鱼雷轰炸机
编制人数：2016

“飞龙”号航空母舰

与“苍龙”号航空母舰不同，“飞龙”号的舰体宽度加大，可以贮藏更多的燃油，续航力达到4828千米（3000英里）。该艘航空母舰提高了防护能力，有一个较高的前甲板，提高了适航性。

生产国：日本
排水量：标准排水量17300吨，满载排水量21900吨
尺寸：全长227.4米，宽22.3米，吃水7.8米
机械装置：4轴驱动齿轮蒸汽轮机，功率113350千瓦(152000轴马力)
航速：34.4节
武装备：6门双联装127毫米口径高射炮，7门三联装25毫米和5门双联装25毫米高射炮
舰载机：64架
编制人数：包括航空联队在内1100名

“苍龙”号航空母舰

日本海军“苍龙”号从一开始就是完全按照航空母舰设计而建造的，而非从其他舰船改装而来。舰内的机库设置较低。

生产国：日本
舰种：舰队航空母舰
排水量：标准排水量15900吨，满载排水量19800吨
尺寸：全长227.50米，宽21.30米，吃水7.60米
机械装置：4轴驱动，蒸汽轮机，输出功率113350千瓦（152000轴马力）
速度：34.5节［64千米/小时（40英里/小时）］
防护装甲：不详
武器装备：6门双联装127毫米和4门双联装25毫米口径高射炮
飞机：21架三菱A6M“零”式战斗机，21架“AichiD3AVal”俯冲轰炸机和21架“九七”式鱼雷轰炸机
编制人数：1100名官兵

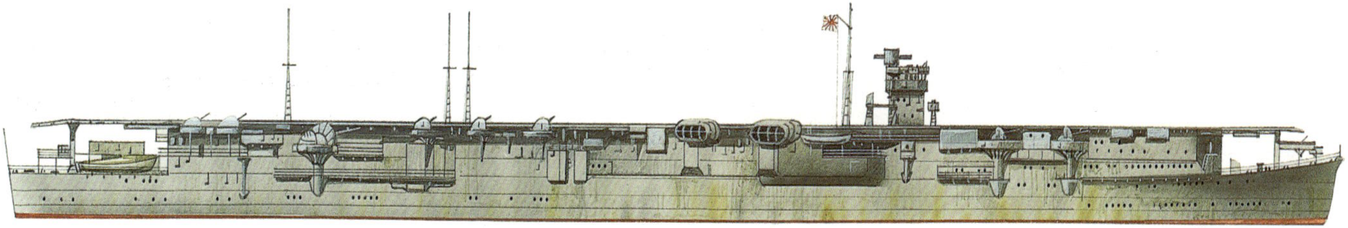

“翔鹤”号航空母舰

设计完美的“翔鹤”号航空母舰拥有强大的防空火炮系统，但其燃料系统很容易遭到攻击。

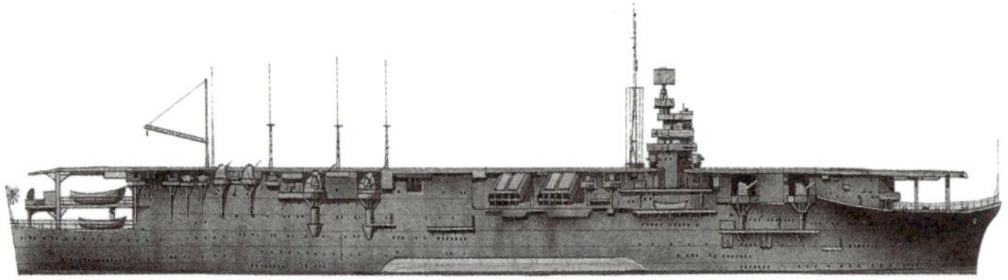

生产国：日本
舰种：舰队航空母舰
排水量：标准排水量25675吨，满载排水量32000吨
尺寸：全长257.50米，宽26米，吃水8.90米
机械装置：四轴驱动齿轮蒸汽轮机，功率119310千瓦(160000轴马力)
速度：34.2节［63千米/小时（39英里/小时）］
防护装甲：215毫米装甲带，170毫米装甲甲板
武器装备：8门双联装127毫米两用和12座三联装25毫米高射炮
舰载飞机：27架战斗机、27架俯冲轰炸机和18架鱼雷轰炸机
编制人数：1600名官兵

“瑞凤”号航空母舰

“瑞凤”号和姊妹舰“翔凤”号的前身是采用柴油动力的潜艇支援舰，在改装为航空母舰的过程中加装了蒸汽涡轮机，配备一座机库，可搭载舰载机30架。

生产国：日本
排水量：标准排水量11262吨，满载排水量14200吨
尺寸：全长204.8米，宽18.2米，吃水6.6米
机械装置：蒸汽轮机，双轴推进，输出功率38770千瓦(52000轴马力)
速度：28.2节
装甲设备：无
武器装备：4座联装127毫米两用高射炮和4座双联装25毫米高射炮
飞机：30架
编制人数：785名官兵

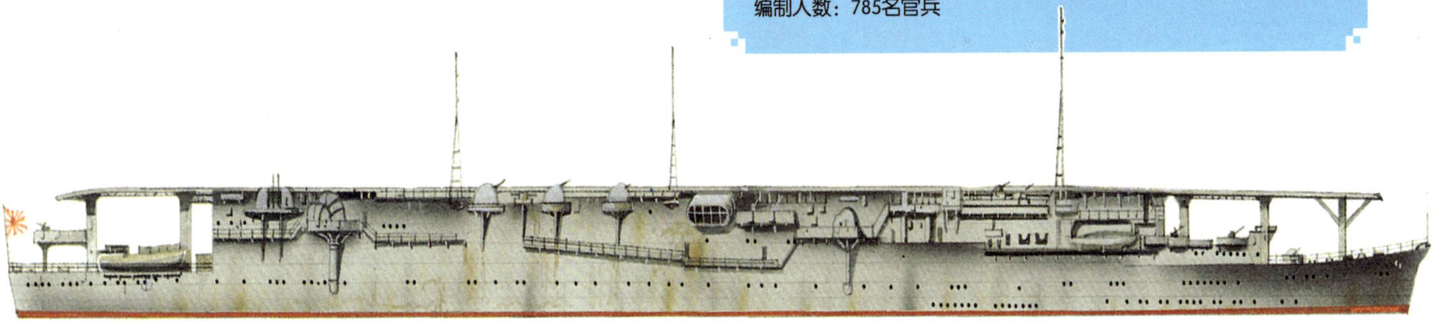

“暴怒”号航空母舰

第二次世界大战时喷涂的防护色彩并不能掩饰“暴怒”号航空母舰的战列巡洋舰的原形。直到1939年，它才加装了岛形上层建筑。

生产国：英国
排水量：标准排水量22500吨；满载排水量28500吨
尺寸：长239.5米；宽27.4米；吃水7.3米
动力装置：4轴驱动蒸汽涡轮机，动力67113千瓦(90000轴马力)
航速：31.5节
防护装甲：吃水线以下的装甲带51~76毫米；机库甲板38毫米
武器装备：6座双联装102毫米高射炮，3座8倍口径2-pdr高射炮，几座小口径炮
舰载机：33架飞机
编制人数：750名（不包括航空人员）

“竞技神”号航空母舰

尽管英国皇家海军“竞技神”号航空母舰的吨位较小，却具备了一些诸如右舷岛形上层建筑等方面的重要特征。1942年，它在锡兰外海被日本海军航母舰载机击沉。

生产国：英国
排水量：13208吨（13000长吨）
舰长：182.9米（600英尺）
舰宽：21.4米（70英尺2英寸）
吃水：6.5米（21英尺6英寸）
动力装置：双螺旋桨涡轮机
航速：25节
武器系统：3门10.2厘米（4英寸）、6门14厘米（5.5英寸）口径火炮
人员编制：664人
舰载机：20架

“企业”号航空母舰

“企业”号航母设计图，它标示出如何在船体上搭建飞行甲板，而不是将飞行甲板与船体融合在一起。

生产国：美国	动力装置：四螺旋桨涡轮机
排水量：25908吨（25500长吨）	航速：37.5节
舰长：246.7米（809英尺6英寸）	武器装备：8门12.7厘米（5英寸）口径火炮
舰宽：26.2米（86英尺）	人员编制：2175人
吃水：7.9米（26英尺）	舰载机：96架

“约克城”号航空母舰（CV-5）

“约克城”号航空母舰(CV-5)及其姊妹舰是成功的“埃塞克斯”级航空母舰的原型舰。虽然“约克城”级比“列克星敦”级航空母舰略小，却能搭载更多的飞机。

生产国：美国
排水量：标准排水量19800吨；满载排水量27500吨
尺寸：总长246.7米；宽25.3米；吃水8.53米
动力装置：4轴驱动蒸汽涡轮机，动力89520千瓦功率(120000轴马力)
航速：33节
防护装甲：吃水线以下的装甲带102毫米；主甲板76毫米；下甲板25~76毫米
武器装备：(1942年)8座127毫米高射炮，4座4联27.94毫米高射炮，16座12.7毫米机枪
舰载机：(1942年)20架战斗机，38架俯冲轰炸机和13架鱼雷轰炸机
编制人数：2919名军官和士兵

“卓越”级航空母舰

“卓越”级可能是二战时最坚固的航空母舰了，其厚重的装甲能够抵挡重型轰炸，但在获取这种防护能力的同时，它们不得不大幅减少舰载机的数量。4艘“卓越”级航空母舰在1937年为应对日趋紧张的局势而开工。“卓越”级航空母舰具有强大的战斗力，当它们开始投入战场时，战争的焦点已经从反潜作战转为防空作战。4艘“卓越”级航空母舰分别于1956年、1956年、1963年和1969年被拆解。

生产国：英国
类型：舰队航空母舰
排水量：标准排水量23000吨；满载排水量25500吨
尺寸：长229.7米；宽29.2米；吃水7.3米
动力装置：三轴驱动，蒸汽涡轮机，输出功率82027千瓦(110000轴马力)
航速：31节
防护装甲厚度：除了“不屈”号是38毫米外，其他该级舰吃水线以下装甲防护带和机库装甲板均为114毫米；甲板76毫米
武器装备：8座双联装114毫米高炮，6座8倍口径2-pdr高射炮，8座20毫米高射炮
舰载机：除了“不屈”号约65架外，该级其他舰约为45架
编制人数：包括航空人员在内1400名

“皇家方舟”号航空母舰

1937年，“皇家方舟”号航空母舰建成下水，此时正值英国政府决定将海军航空兵的指挥权重新交还给皇家海军掌管之际。装备了114毫米厚的装甲防护带。飞行甲板的防护装甲厚63毫米，起重机偏置。2座114毫米高射炮配置在飞行甲板边缘，这为它们提供了最佳的射击视野。

生产国：英国
排水量：28164吨（27720长吨）
舰长：243.8米（800英尺）
舰宽：28.9米（94英尺9英寸）
吃水：8.5米（27英尺9英寸）
动力装置：涡轮机，三轴推进
航速：31节
武器系统：16门11.4厘米（4.5英寸）口径火炮
舰员：1580人
舰载机：60架

“勇敢”号航空母舰

英国的“勇敢”级航空母舰“勇敢”号和“光荣”号的舰载机大队包括16架“捕蝇器”战斗机、16架侦察机和16架“箭鱼”鱼雷轰炸机。第二次世界大战爆发时，“勇敢”号航空母舰是英国皇家海军航空母舰部队的主力战舰之一，后被德国“U-29”号潜艇击沉。

生产国：英国
排水量：26517吨（26100长吨）
舰长：240米（786英尺5英寸）
舰宽：27米（90英尺6英寸）
吃水：8米（27英尺3英寸）
动力装置：四螺旋桨涡轮机
航速：31.5节
武器系统：16门120毫米（4.7英寸）口径火炮
人员编制：1216人
舰载机：48架

“天鹰座”号航空母舰

由一艘大型班轮改装而成，实际上，它的改建工作从未完成。此舰后来被德国人击沉。

生产国：意大利
排水量：28810吨（28356长吨）
舰长：231.5米（759英尺6英寸）
舰宽：29.4米（96英尺5英寸）
吃水：7.3米（24英尺）
动力装置：涡轮机，四轴推进
航速：32节
武器系统：8门13.5厘米（5.3英寸）口径火炮
人员编制：1165名舰员，24名空军人员
舰载机：36架

“迪克斯马德”号护航航空母舰

法国“迪克斯马德”号护航航空母舰向印度支那运送了大批飞机。其前身是英国“拜特”号航空母舰，是从美国租借的3艘护航航空母舰中的一艘。

排水量：11989吨（11800长吨）
舰长：150米（492英尺）
舰宽：23米（78英尺）
吃水：7.65米（25英尺2英寸）
动力装置：单螺旋桨，柴油机
航速：16节
武器系统：3门102毫米（4英寸）和19门20毫米口径火炮
人员编制：555人
舰载机：15架

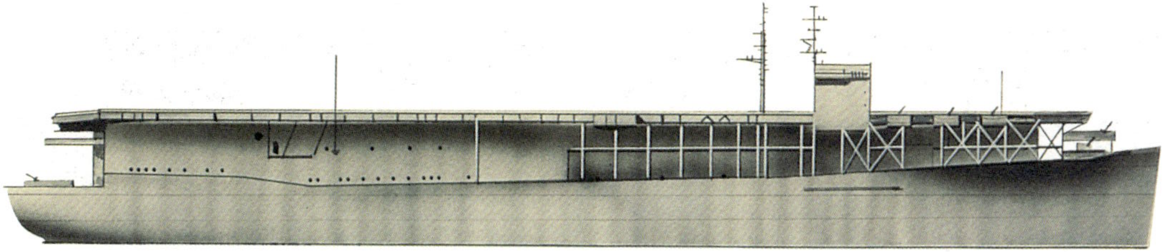

“博格”号护航航空母舰

生产国：美国
舰员编制：890人
排水量：11176吨
体积：151.1米×34米×7.92米
航速：18节
武器装备：2门126毫米口径火炮，4门40毫米口径榴弹炮，12门20毫米口径榴弹炮
舰载机：共28架，其中正常编制为12架“复仇者”攻击机和12架“野猫”战斗机

美国海军“博格”号护航航空母舰是由商船改造而成，于1942年服役。其中，11艘“攻击者”级编入英国皇家海军服役，其余留在美国海军服役。“博格”号的舰载机共摧毁13艘U型潜艇，战功卓著。

“可畏”号航空母舰

英国皇家海军“可畏”号航空母舰在设计时特意强化了防空能力。它的机库建在一个装甲大箱里，可抵御227千克（500磅）重磅炸弹的轰炸。

生产国：英国
排水量：28661吨（28210长吨）
舰长：226.7米（743英尺9英寸）
舰宽：29.1米（95英尺9英寸）
吃水：8.5米（28英尺）
动力装置：三螺旋桨涡轮机
航速：30.5节
武器系统：16门11.4厘米（4.5英寸）口径火炮
人员编制：1997人
舰载机：36架

“百眼巨人”号航空母舰

因为速度慢的缺陷，“百眼巨人”号航空母舰在19世纪30年代从一线舰队撤出。但在“皇家方舟”号被击沉后，它不得不编入H分舰队充当替代性的航空母舰。

生产国：英国
类型：训练、飞机护送和第二线航空母舰
排水量：标准排水量14000吨；满载排水量15750吨
尺寸：长172.2米；宽20.7米；吃水7.3米
动力装置：四轴驱动蒸汽涡轮机，输出功率15660千瓦(21000轴马力)
航速：20.5节
防护装甲：无
武器装备：6座102毫米高射炮，几座小口径火炮，38座20毫米高射炮
舰载机：约20架
编制人数：除船员外370名

“比勒陀利亚城堡”号护航航空母舰

图中所示的是1943年建成的英国皇家海军“奈拉纳”号护航航空母舰。“奈拉纳”号在战时主要执行护航任务，1944年夏季，该艘航空母舰搭载第835中队的“海飓风MkⅡc”型战斗机，击落了德军1架Ju290轰炸机。战后，该艘舰被送往荷兰，更名为“卡勒尔·多尔曼”号。

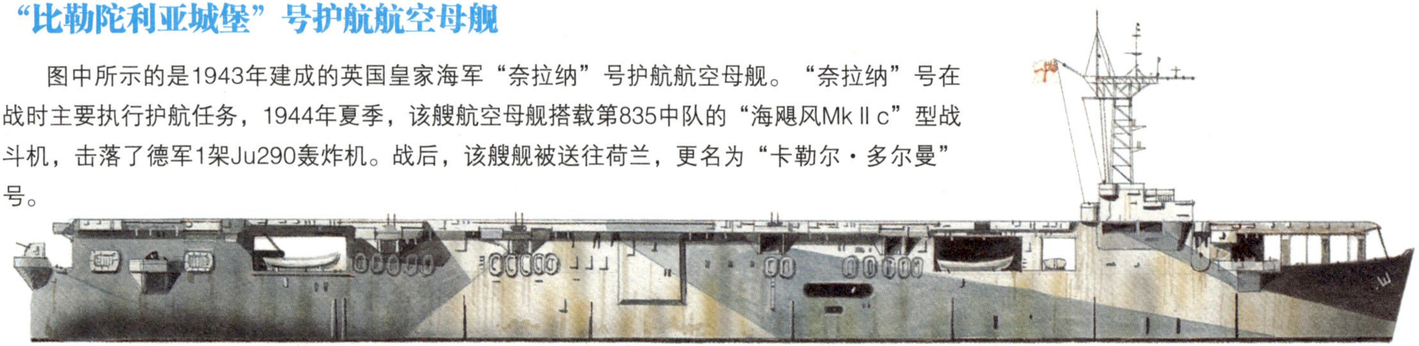

生产国：英国
排水量：标准排水量17400吨，满载排水量23450吨
尺寸：长180.44米，宽23.27米，吃水8.89米
推进装置：柴油发动机，输出功率11930千瓦（16000轴马力），双轴驱动
速度：16节
武器装备：两座双联装102毫米口径高射炮，4座四联装2磅重高射炮，10座双联装20毫米口径高射炮
舰载机：15架
编制人数：未知

生产国：英国
舰种：油轮改装的航空母舰
排水量：8000吨
尺寸：长146.5~147米，宽18米，吃水8.4米
推进装置：单轴柴油机驱动，输出功率2796千瓦（3750轴马力）
航速：13节
武器装备：与“迈克”级相同
舰载机：4架
编制人数：105人

“谢尔”级油轮

商船航空母舰仅是改装为航空母舰的部分商船，虽然安装了飞行甲板，但仍然能够运输货物。商船航空母舰上的飞机用于保护那些航行至“大西洋缝隙”处的护航运输队，该地区位大西洋中部，盟军的岸基飞机无法到达。

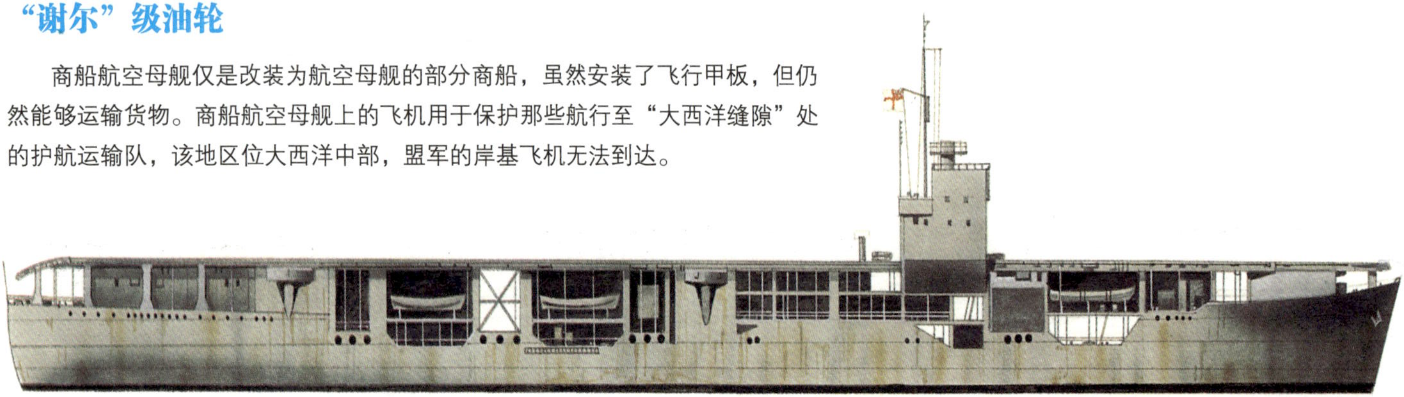

“统治者”级护航航空母舰

英国从美国手中接收了8艘“攻击者”级和26艘“统治者”级护航航空母舰。这两种级别的护航航空母舰既执行护航任务又参与反潜作战，而且在地中海的几次两栖攻击登陆行动中提供空中支援。

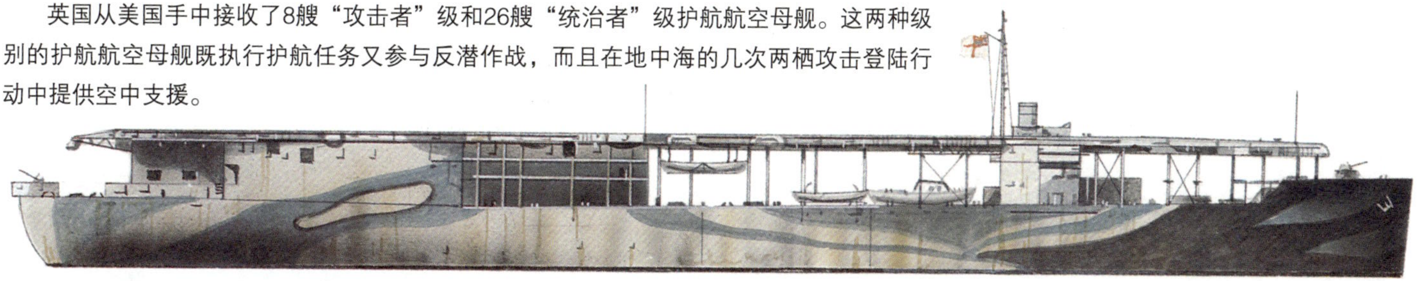

生产国：英国
排水量：标准排水量11400吨，满载排水量15390吨
尺寸：长150米，宽21.2米，吃水7.7米
推进装置：单轴齿轮蒸汽轮机驱动，功率6972千瓦（9350轴马力）
速度：17节
武器装备：2门102毫米高射炮，8门双联装40毫米口径高射炮，27~35座20毫米高射炮。
飞机：18~24架
编制人数：646人

“大胆”号护航航空母舰

“大胆”号是英国第一艘护航航空母舰，虽然其服役寿命非常短暂，却取得了重大成功，并证明了护航航空母舰的价值。“大胆”号航空母舰每次出航所搭载的舰载机数量的多少，往往意味着一次护航任务能否取得成功或导致失败。1941年12月，“大胆”号在执行进出直布罗陀的护航任务时，在葡萄牙海域遭到德国“U-751”号潜艇发射的鱼雷重创。

生产国：英国
排水量：11179吨（11000长吨）
舰长：142.4米（467英尺3英寸）
舰宽：17.4米（57英尺）
吃水：7.5米（24英尺6英寸）
动力装置：柴油机，单轴推进
航速：15节
武器系统：1门10.2厘米（4英寸）口径火炮
舰员：700人
飞机：6架

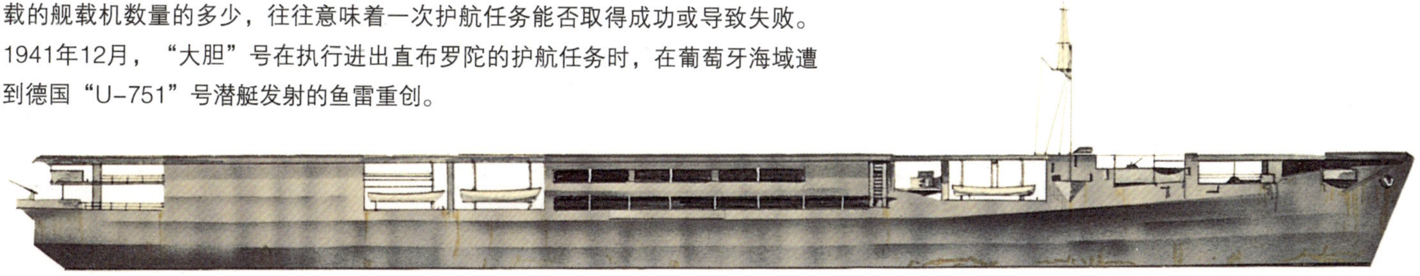

“瑞鹤”号航空母舰

“瑞鹤”号和“翔鹤”号航空母舰是日本海军最为成功的航空母舰，比此前的航空母舰的规模大出很多。

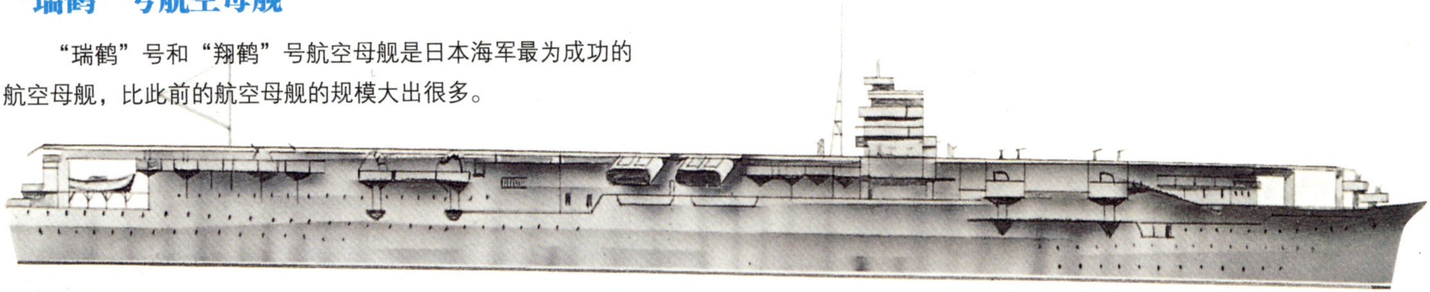

生产国：日本	航速：32.4节
排水量：32618吨（32105长吨）	武器系统：16座127毫米（5英寸）口径火炮
舰长：257米（843英尺2英寸）	人员编制：1660人
舰宽：29米（95英尺）	飞机：60架
吃水：8.8米（29英尺）	
动力装置：四螺旋桨涡轮机	

生产国：英国	航速：24节
排水量：20624吨（20300长吨）	武器系统：8门10.2厘米（4英寸）口径火炮
舰长：186米（610英尺）	人员编制：1200人
舰宽：27.4米（90英尺）	舰载机：36架
吃水：7.3米（24英尺）	
动力装置：双螺旋桨涡轮机	

“独角兽”号航空母舰

英国皇家海军“独角兽”号航空母舰是唯一一艘飞机修理船，参加了朝鲜战争，而且还时不时地被当作战斗航空母舰使用。

“黄蜂”号航空母舰

泊港的“黄蜂”号（CV-7）航空母舰侧影。高耸的烟囱使得它在美军航空母舰之中显得与众不同。“黄蜂”号航空母舰作为一艘小型航空母舰，其设计目的是用尽《华盛顿海军条约》分配给美国的航空母舰剩余吨位。

生产国：美国
排水量：标准排水量14700吨；满载排水量20500吨
尺寸：舰长225.93米，飞行甲板宽24.61米；吃水深度8.53米
动力装置：2轴驱动蒸汽涡轮机，动力55950千瓦（75000轴马力）
航速：29.5节
防护装甲厚度：吃水线以下的装甲102毫米，下甲板装甲38毫米
武器装备：（1942年）8门127毫米口径防空火炮，4门四联27.94毫米防空火炮以及30门20毫米防空火炮
舰载机：（1942年）29架战斗机，36架俯冲轰炸机和15架鱼雷轰炸机
人员编制：2367名军官和士兵

“无畏”号航空母舰

“无畏”号航空母舰（舷号CV-11）是一艘隶属于美国海军的航空母舰，为“埃塞克斯”级航空母舰的三号舰。它是美军第四艘以无畏为名的军舰。“无畏”号于1941年开始建造，1943年下水服役，开始参与太平洋战争。

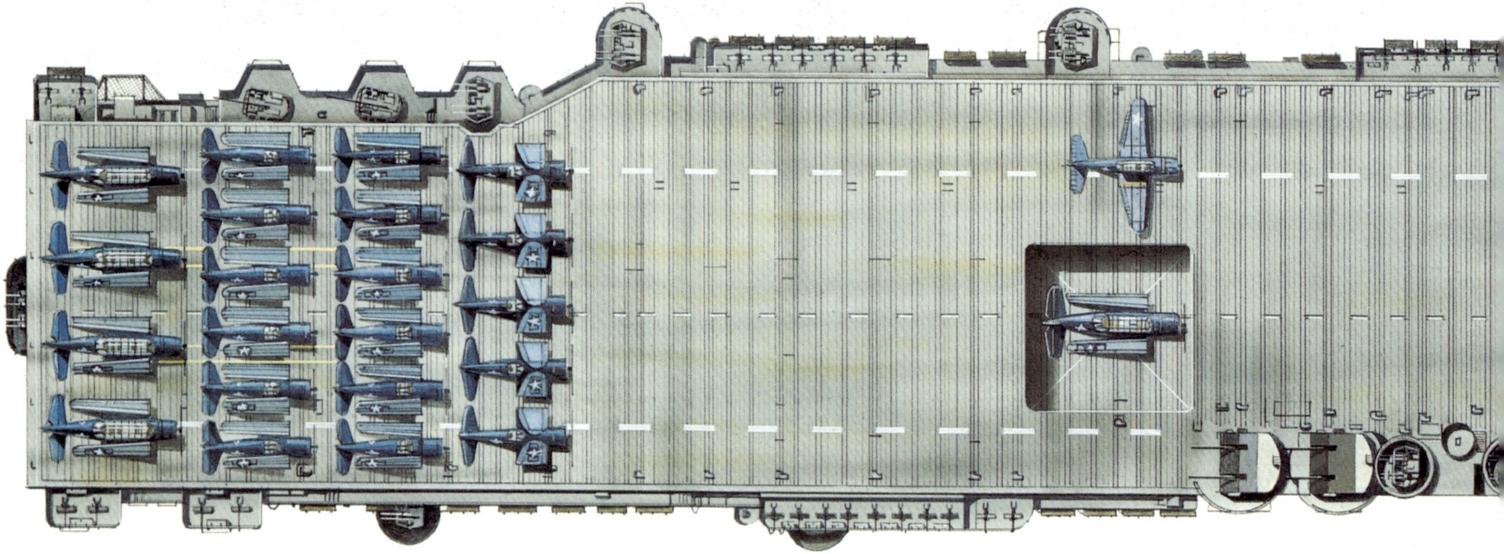

“普林斯顿”号航空母舰

“普林斯顿”号（CVL-23）航空母舰从轻型巡洋舰“塔拉哈西”号的船体改建而成，尽管该舰空间有点狭小，但航速很快，可以跟上快速航空母舰大队。后来，它们还可以夜间起降舰载机。

生产国：美国
排水量：标准排水量11000吨；满载排水量14300吨
尺寸：长189.74米；飞行甲板宽33.3米；吃水7.92米
动力装置：4轴机械驱动蒸汽涡轮机，动力74600千瓦(100000轴马力)
航速：31.5节
武器装备：(1943年)2门127毫米高射炮，2门4联40毫米“博福斯”高射炮，9门双联装40毫米福斯式高射炮，12门20毫米高射炮
防护装甲厚度：吃水线以下的装甲带38~127毫米；主甲板76毫米；下甲板51毫米
舰载机：(1943年)24架F4F“野猫”战斗机，9架TBF“复仇者”号鱼雷轰炸机
编制人数：1569名

“桑加蒙”号航空母舰

“桑加蒙”号（CVE-26）航空母舰的左舷剖面图显示出其油船的原型。“桑加蒙”号航空母舰因船体大和速度快，成为所有护航航空母舰改造中最成功的一类。

生产国：美国
排水量：标准排水量10500吨；满载排水量23875吨
尺寸：全长168.71米；飞行甲板宽34.82米；吃水9.32米
动力装置：单轴机械驱动蒸汽涡轮机，动力6340千瓦(8500轴马力)
航速：18节
防护装甲：无
武器装备：2座127毫米高射炮，2座四联40毫米“博福斯”高射炮，7座双联装40毫米“博福斯”高射炮和21座20毫米高射炮
舰载机：(1942年)12架F4F“野猫”战斗机，9架SBD“无畏”俯冲轰炸机和9架TBF“复仇者”鱼雷轰炸机
编制人数：1100名军官和士兵

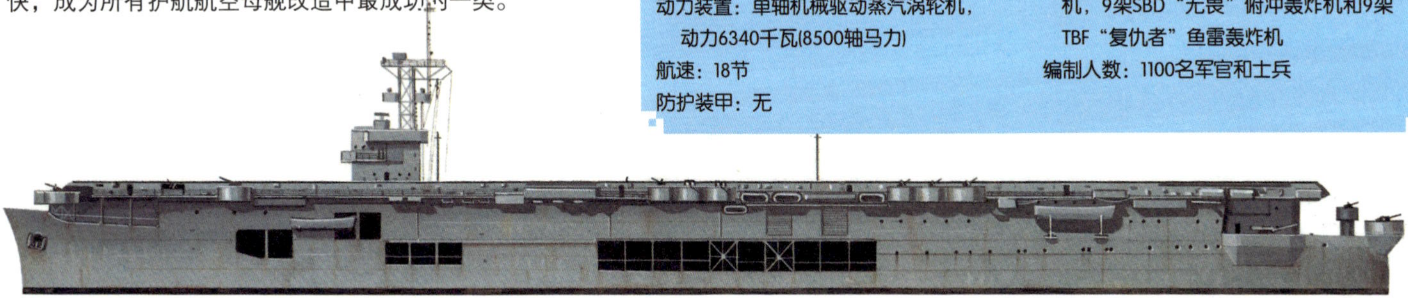

“圣罗”号航空母舰

“圣罗”号（CVE-63）航空母舰属于“卡萨布兰卡”级，该级舰是“博格”级的改进型，航速得到大幅度提高。

生产国：美国
排水量：标准排水量7800吨；满载排水量10400吨
尺寸：全长156.13米；飞行甲板宽39.92米；吃水6.86米
动力装置：双轴推进，垂直三次膨胀蒸汽机，输出功率6715千瓦(9000轴马力)
航速：19节
防护装甲：无
武器装备：1座127毫米高射炮，8座双联装40毫米“博福斯”高射炮和20毫米高射炮
舰载机：(1944年10月)17架F4F“野猫”战斗机，12架TBF“复仇者”鱼雷轰炸机
编制人数：860名军官和士兵

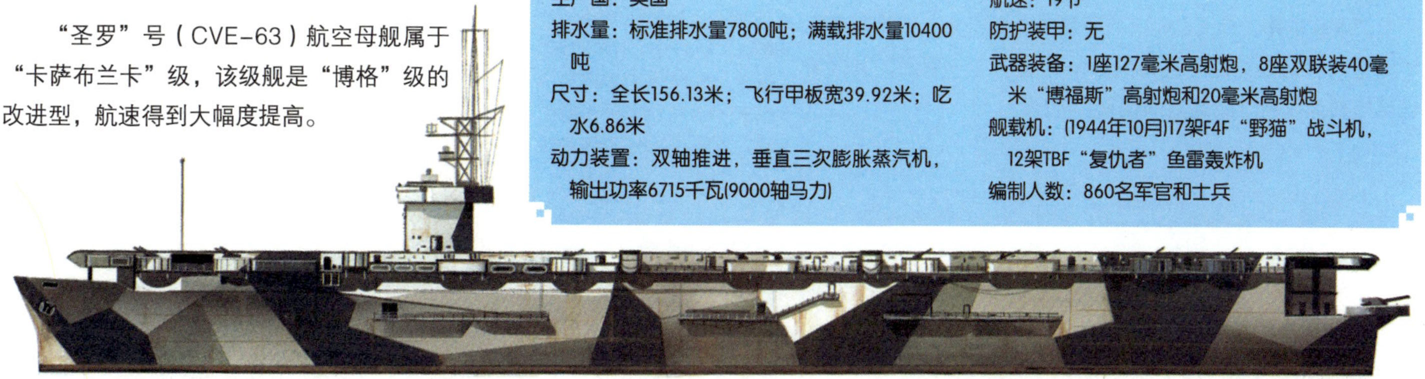

“独立”号航空母舰

美国海军“独立”号轻型舰队航空母舰及其姊妹舰均由轻巡洋舰改建而成。

生产国：美国
排水量：13208吨（13000长吨）
舰长：190米（623英尺）
舰宽：33米（109英尺3英寸）
吃水：7.6米（25英尺11英寸）
动力装置：四螺旋桨涡轮机
航速：31.6节
武器系统：2门12.7厘米（0.5英寸）口径火炮
人员编制：1569人
舰载机：45架

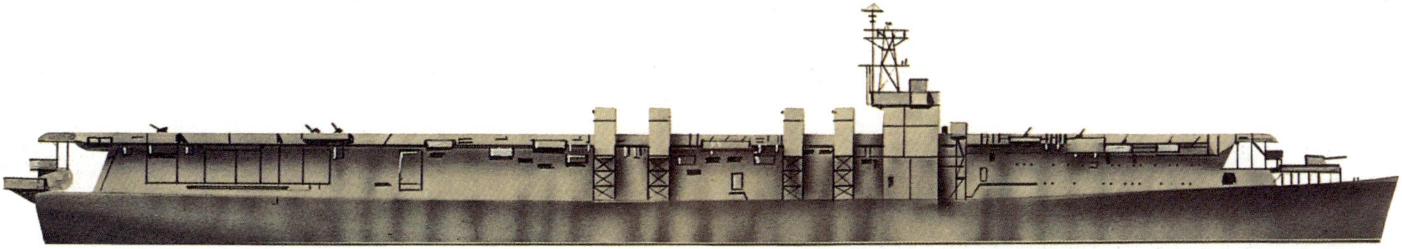

“埃塞克斯”号航空母舰

“埃塞克斯”号（CV-9）是第二次世界大战中美国海军所建造的性能最好的航空母舰之一，鉴于这一原因，其理所当然地成为太平洋战场上的赢家。

生国产：美国
排水量：35438吨（34871长吨）
舰长：265.7米（871英尺9英寸）
舰宽：29.2米（96英尺）
吃水：8.3米（27英尺6英寸）
动力装置：四螺旋桨涡轮机
航速：32.7节
武器系统：2门12.7厘米（5英寸）口径火炮
人员编制：2687人
舰载机：91架

“甘比尔湾”号护航航空母舰

1944年10月，美国海军“甘比尔湾”号护航航空母舰在萨马岛海战中与日本水面舰艇部队遭遇。

生产国：美国
排水量：11074吨（10900长吨）
舰长：156.1米（512英尺3英寸）
舰宽：32.9米（108英尺）
吃水：6.3米（20英尺9英寸）
动力装置：双螺旋桨，往复式发动机
航速：19节
武器系统：1门12.7厘米（5英寸）、16门40毫米（1.6英寸）口径火炮
人员编制：860人
舰载机：28架

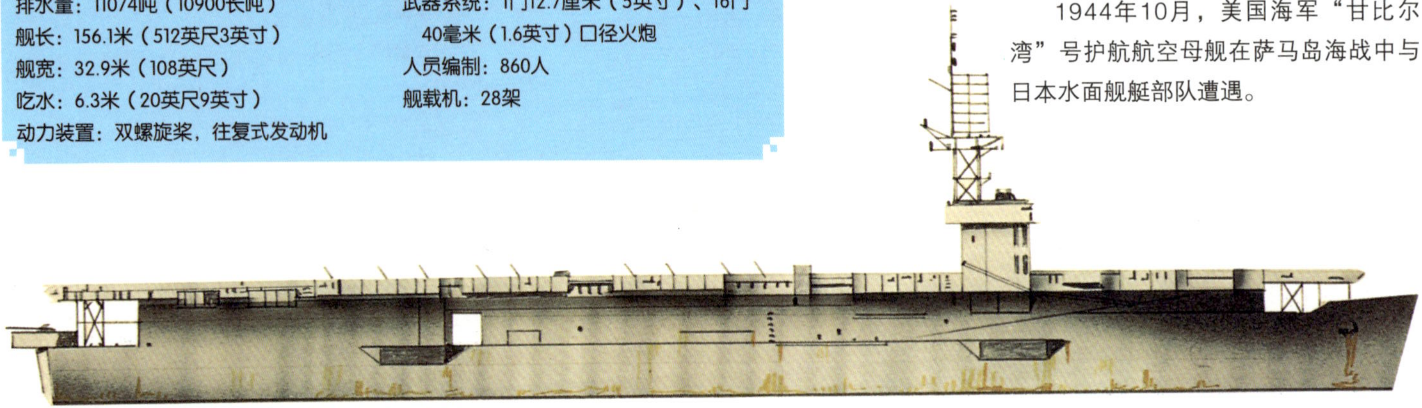

“福莱斯特”号航空母舰

从外观上看，“福莱斯特”号（CVA-59）的最初设计方案非常简洁，但经过数年发展之后，该艘航空母舰加装了天线和其他新型武器系统。

生产国：美国
排水量：80516吨（79248长吨）
舰长：309.4米（1015英尺）
舰宽：73.2米（240英尺）
吃水：11.3米（37英尺）
动力装置：四螺旋桨涡轮机
航速：33节
武器系统：8门12.7厘米（5英寸）口径火炮
人员编制：水兵2764人，机组人员1912人
舰载机：90架

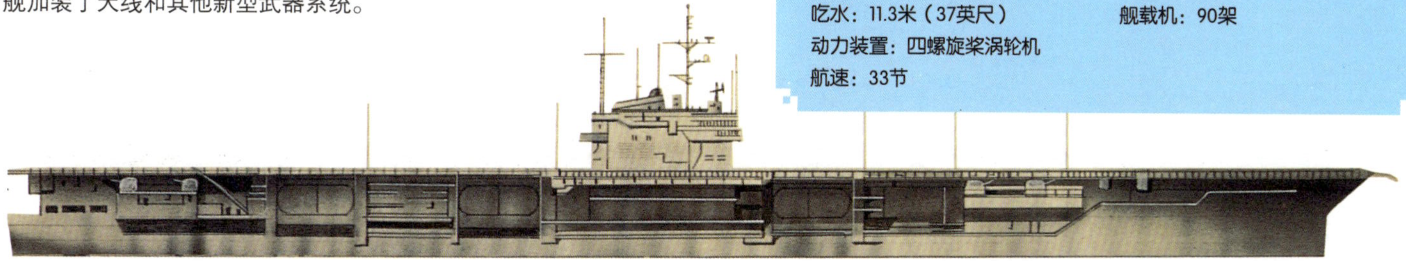

“基辅”号航空母舰

1976年，苏联海军“基辅”号航空母舰的问世曾使西方国家惊恐不安，但该型航空母舰的发展计划却以失败而告终。截至今天，首批3艘该级航空母舰（“基辅”号、“明斯克”号和“新罗西斯克”号）被变卖拆解，第4艘“戈尔什科夫海军上将”号出售给印度海军。

生产国：苏联
排水量：38608吨（38000长吨）
舰长：273米（895英尺8英寸）
舰宽：47.2米（154英尺10英寸）
吃水：8.2米（27英尺）
动力装置：四螺旋桨涡轮机
航速：32节
武器系统：4门7.62厘米（3英寸）口径火炮导弹
人员编制：1700人
舰载机：36架

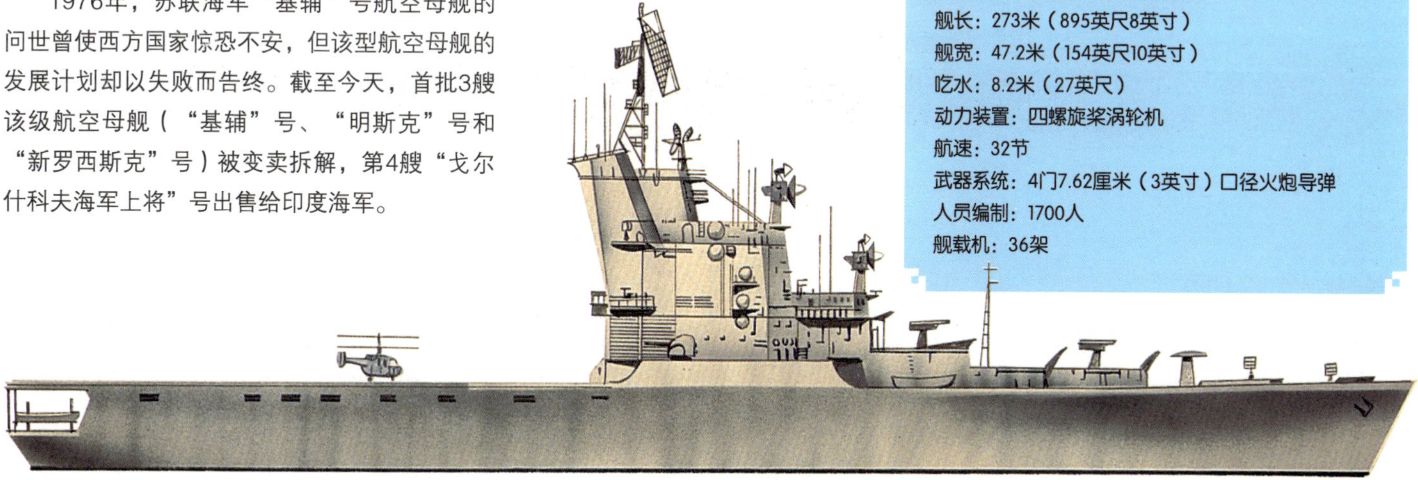

“约翰·F.肯尼迪”号航空母舰

“约翰·F.肯尼迪”号航空母舰（CVA67）于1965年1月服役，最初编入美“密集阵”近战武器系统的航空母舰，并于1986年和1991年先后参加了空袭利比亚的战斗以及海湾战争。

生产国：美国
排水量：81430吨（满载）
舰体尺寸：长320.6米；宽39.60米；吃水11.40米；飞行甲板宽76.80米
推进系统：4台蒸汽涡轮机，输出功率209兆瓦，4轴驱动
航速：32节
火力系统：3座八联装Mk29“海麻雀”防空导弹发射架，3套20毫米口径“密集阵”近战武器系统，其中2套将被RAM近战武器系统取代
电子装置：1部SPN-64（V）9型导航雷达，1部SPS-49（V）5型对空搜索雷达，1部SPS-48E型3D雷达，1套Mk23型目标获取系统，1部SPS-67型对海搜索雷达，6部Mk95型火控雷达，3部Mk91型导弹火控系统指挥仪，1部SPN-41型雷，1部SPN-43A型雷达，2部SPN-46型“航空母舰控制着舰系统”雷达，1套URN-25型“塔康”系统，1部SLQ-36型拖曳式鱼雷诱饵，SLQ-32（V）4/SLY-2型电子预警/电子对抗装置，1套水面舰艇鱼雷防御系统，4部Mk36型干扰物/诱饵投放器
人员编制：舰员2930人（军官155人），航空人员2480人（320名军官）

“合众国”号航空母舰

“合众国”号航空母舰惊人的轮廓设计是因为早期的原子弹需要大型飞机携带和投送，因此需要大量的航空燃料。最终，“合众国”号为了这些飞机及其护航战斗机而“献身”——被取消建造计划。

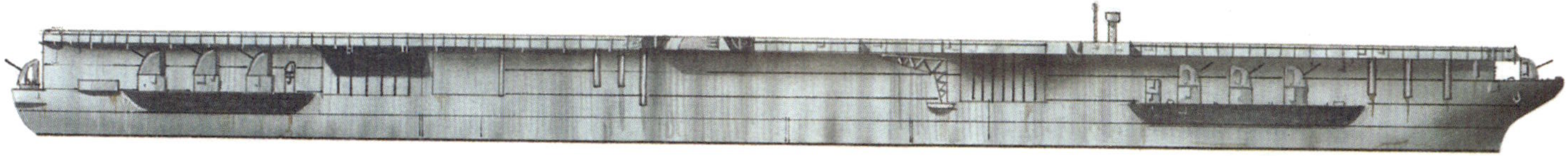

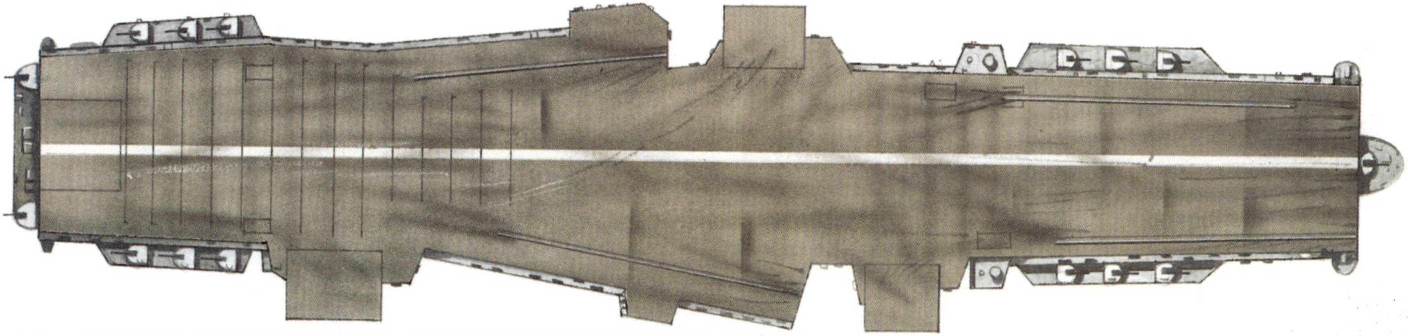

生产国：美国
排水量：66850吨（标准）；83249吨（满载）
尺寸：长331.6米(1088英尺)；宽38.1米(125英尺)；吃水10.5米(34.6英尺)；飞行甲板宽度57.9米(190英尺)
动力装置：4台蒸汽涡轮，输出功率208796千瓦(280000轴马力)
速度：33节
武器：8门单身管5英寸（127毫米）口径舰炮、8门双联装3英寸（76毫米）高射炮和20门20毫米高射炮
飞机：18架轰炸机和54架F2H“女妖”战斗机
电子装置：1部SPS-6型对空搜索雷达和1部SPS-8型测高雷达
编制人数：4127人

“尼米兹”号航空母舰

“尼米兹”号的设计方案在很多方面类似于早期的航空母舰，但其动力系统是由两座核反应堆组成。

生产国：美国
排水量：92950吨（91487长吨）
舰长：332.9米（1092英尺2英寸）
舰宽：40.8米（133英尺10英寸）
吃水：11.3米（37英尺）
动力装置：四螺旋桨涡轮机，2座水冷核反应堆
航速：30节
武器系统：4门20毫米“火神”式火炮，3座“麻雀”式防空导弹发射架
人员编制：5621人
舰载机：90架

“德怀特·D.艾森豪威尔”号航空母舰

美国海军“德怀特·D.艾森豪威尔”号航空母舰属于第二艘“尼米兹”级航空母舰。由于其设计方案非常成功，美国海军又订购了6艘稍大型的该级战舰。

生产国：美国
排水量：92950吨（91487长吨）
舰长：332.9米（1092英尺2英寸）
舰宽：40.8米（133英尺10英寸）
吃水：11.3米（37英尺）
动力装置：四螺旋桨涡轮机，2座水冷核反应堆
航速：30节
武器系统：4门20毫米“火神”式火炮，3座“麻雀”式防空导弹发射架
人员编制：5621人
舰载机：90架

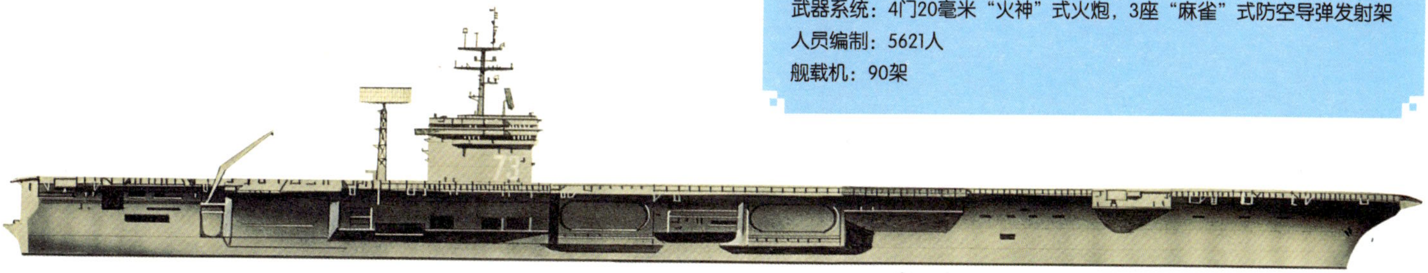

“朱塞佩·加里波第”号航空母舰

意大利海军“朱塞佩·加里波第”号航空母舰的动力系统由 4 台菲亚特公司出品的GELM2500型燃气涡轮机组成，同时还装备了强大的防御武器系统。

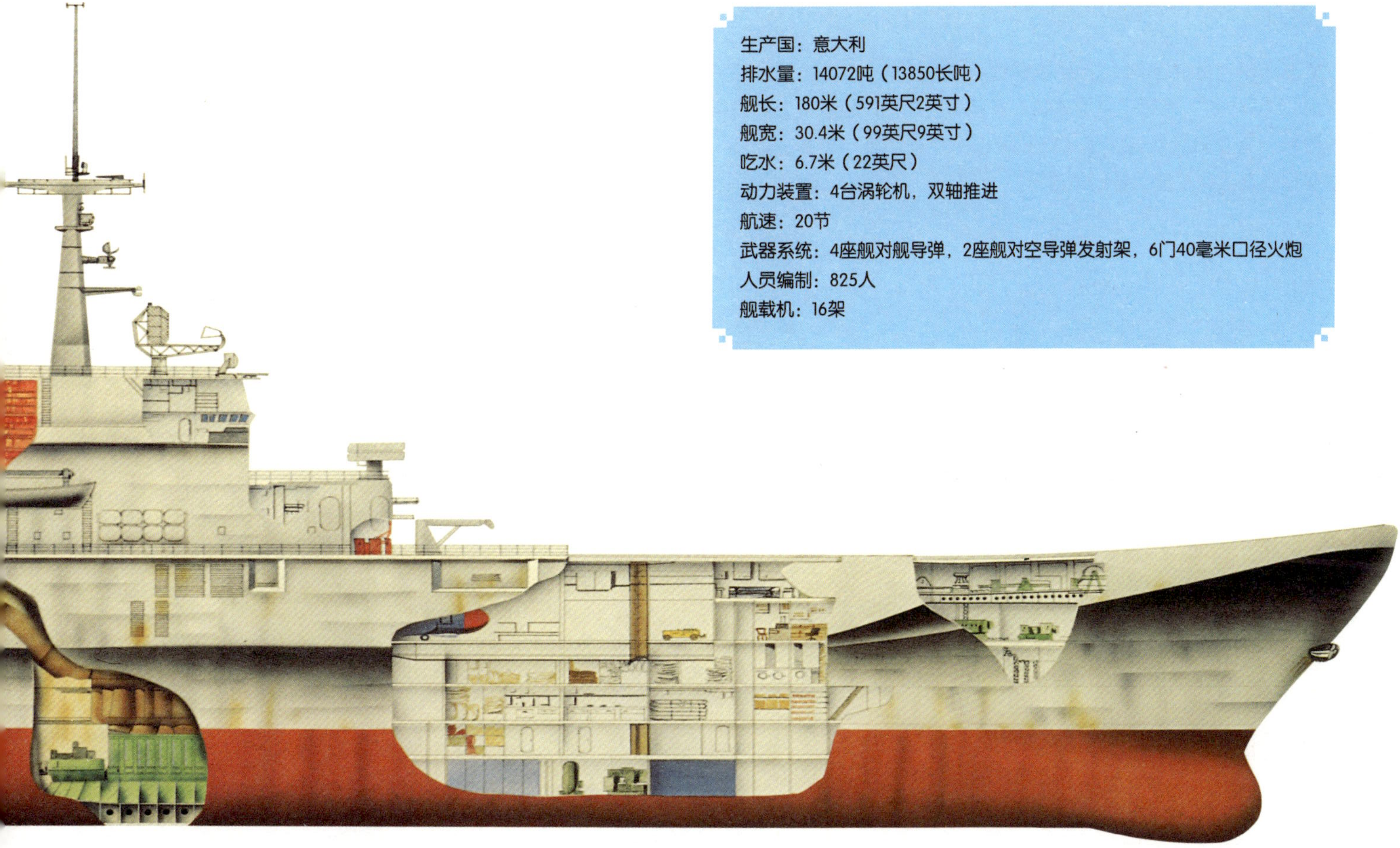

生产国：意大利
排水量：14072吨（13850长吨）
舰长：180米（591英尺2英寸）
舰宽：30.4米（99英尺9英寸）
吃水：6.7米（22英尺）
动力装置：4台涡轮机，双轴推进
航速：20节
武器系统：4座舰对舰导弹，2座舰对空导弹发射架，6门40毫米口径火炮
人员编制：825人
舰载机：16架

“香格里拉”号航空母舰

美国海军“香格里拉”号航空母舰在20世纪50年代后期按照“SCB-27C计划”进行了全面改装，安装了封闭式的轻舰首、蒸汽弹射器和一条全斜角舷侧突出式飞行甲板。共有15艘“埃塞克斯”级航空母舰在某种程度上进行了改装。

生产国：美国

排水量：30580吨；43060吨（满载）

尺寸：长272.6米(894.6英尺)；宽31.4米(103英尺)；吃水9.2米(30.4英尺)；飞行甲板宽度58.5米(192英尺)

动力装置：蒸汽涡轮机，四轴驱动，输出功率111855千瓦(150000轴马力)

速度：29节

武器：4枚5英寸（127毫米）舰炮

飞机：70~80架

电子装置：1部SPS-8型(后来换成SPS-37A和SPS-30)测高雷达，1部SPS-12型对海搜索雷达和1套电子战支援措施系统

编制人数：3545人

“奥里斯坎尼”号航空母舰

美国海军“奥里斯坎尼”号航空母舰于1944年开工建造，直到1950年才最终完工，是第一艘根据“SCB-27A计划”进行改装的航母。经过改装后，“埃塞克斯”级航空母舰上可载新一代喷气式飞机，由于这些飞机比第二次世界大战期间的飞机重出许多，所以飞行甲板必须进行加固。

生产国：美国

排水量：28404吨；40600吨（满载）

尺寸：长273.8米(898.2英尺)；宽30.9米(101.4英尺)；吃水9.1米(29.8英尺)；飞行甲板宽度(斜角)59.7米(196英尺)

动力装置：齿轮蒸汽涡轮，输出功率111855千瓦(150000轴马力)

速度：30节

武器：8门127毫米和14座双联装76.2毫米口径舰炮

飞机：45~80架

电子装置：SPS-6型(后来是SPS-12型，再后来是SPS-29型)对空搜索雷达，SPS-8型(后来是SPS-30型)测高雷达，SPS-10型对海搜索雷达，SQS-23型舰首声呐

编制人数：2900人

“企业”号航空母舰

由于舰船推进系统采用了核动力，美国海军“企业”号（CVN.65）航空母舰得以搭载足够多的飞机燃油和弹药，确保舰载机联队能够连续12天空中作战，期间不需要进行任何补给。

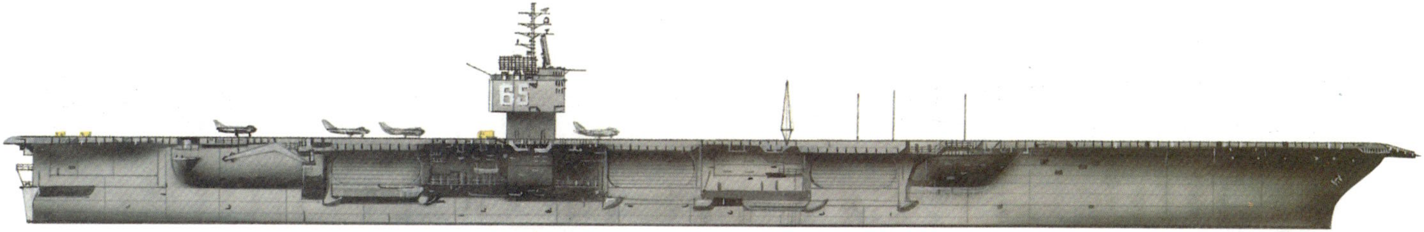

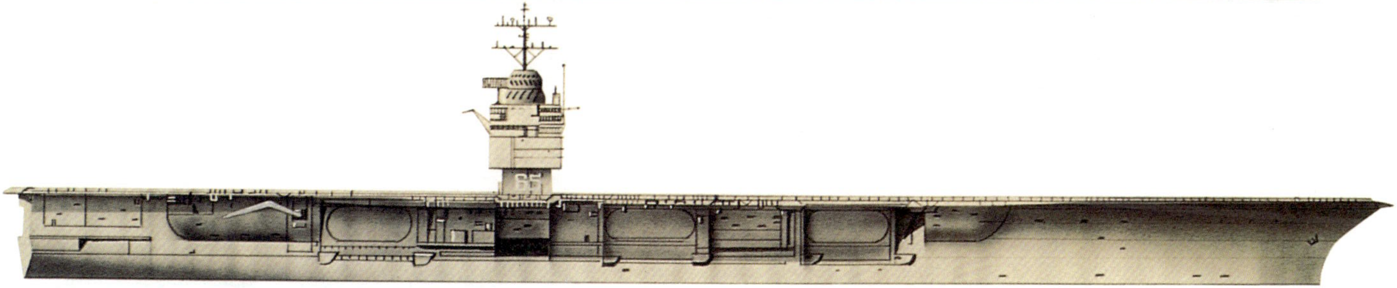

生产国：美国
排水量：91033吨（89600长吨）
舰长：335.2米（1100英尺）
舰宽：76.8米（252英尺）
吃水：10.9米（36英尺）
动力装置：4螺旋桨涡轮机，8座核反应堆提供蒸汽 机
航速：32节
武器系统：舰对空导弹
人员编制：3325名水兵，1891名空军人员，71名海军陆战队员

“墨尔本”号航空母舰

“墨尔本”号的前身是英国“尊严”级轻型舰队航空母舰的首舰“尊严”号，在1949年由澳大利亚购进。1965年，该舰安装了高大的格形桅杆，上面安装LW系列主搜索雷达。

生产国：英国
排水量：标准排水量16000吨，满载排水量20320吨
尺寸：长213.82米(701英尺)，宽24.38米(80英尺)，吃水7.62米(25英尺)，飞行甲板宽32米(105英尺)
推进装置：齿轮蒸汽轮机，双轴驱动，输出功率31319千瓦(42000轴马力)
速度：23节
武器装备：4门双联装和4门单身管40毫米高射炮
飞机：27架
编制人数：1425人（旗舰）
电子设备：1台LW-02型对空搜索雷达，1台293Q型对海搜索雷达，1台978型导航雷达，1台SPN-35型着舰辅助雷达，1套“塔康”系统和1套电子对抗系统

“中途岛”级航空母舰

两艘“中途岛”级航空母舰上载的舰载机数量远远少于美国海军其他航空母舰。这两艘舰的舰载机不包含反潜机或直升机，主要采用F-4“鬼怪”Ⅱ型战斗机代替重型的F-14“雄猫”战斗机执行拦截任务。

生产国：美国
排水量：满载排水量60100吨
尺寸：长274.3米，宽34.4米，吃水深度10米
推进装置：蒸气轮机，12台锅炉，4轴
速度：最大速度33节
人员编制：4000人
武器：18门单管型127.6毫米火炮，21门双管40毫米防空火炮，28门单管20毫米防空火炮
舰载机：137架

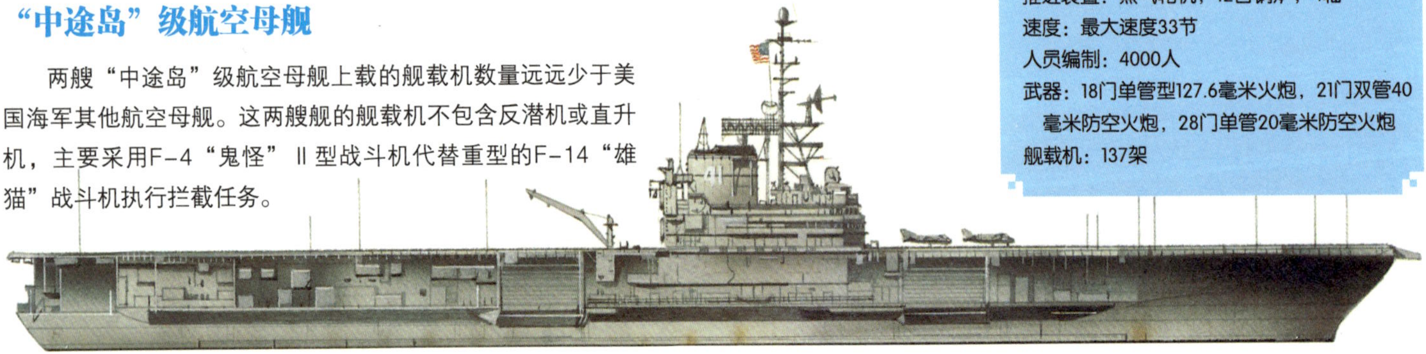

“硫磺岛”级两栖攻击舰

“硫磺岛”级两栖攻击舰是世界上最早一批专门搭载直升机的两栖舰船，每艘舰可运载1个营的全副武装的登陆部队、1个加强型直升机中队和支援部队。

生产国：美国
服役时间：1961年8月26日服役，
排水量：满载排水量18300吨
尺寸：长183.7米，宽25.6米，吃水深度7.9米
推进装置：116405.4千瓦的蒸汽轮机
速度：最大速度23节，巡航速度20节
人员编制：652人（其中军官47名，士兵605名）
运兵能力：2090人（其中军官190名，士兵1900名）
装载：合计车辆停放面积399.6平方米；“仁川”号配备2艘车辆人员登陆艇；最多可在飞机库停放19架CH-46直升机，甲板上停放7架；装载24605升车辆燃油；1533090升JP5航空燃油；1059.8立方米的货盘化物资
武器：4门MK33型76毫米火炮，2门MK15型六管20毫米“火神”密集阵防空火炮
电子装置：1部SPS-10对海搜索雷达，1部SPS-40对空搜索雷达，1套SPN-10或者SPN-43飞机降落辅助雷达系统，1台MK36型六管干扰火箭发射器，1套URN-20“塔康”战术空中导航系统

“塔拉瓦”号船坞登陆舰

“塔拉瓦”号可在船坞井内搭载4艘通用登陆艇，这种登陆艇排水量375吨，钢制艇体，可装载2辆M1主战坦克或者最多350人的部队。第二种可供选择的装载方案为：2艘通用登陆艇和两艘排水量111吨的LCM8型机械化登陆艇。本图中的LCM8机械化登陆艇正离开船坞井，该艇可运载54吨物资或者200人的兵力，或者图中所示的1辆主战坦克。第三种可供选择的装载方案为17艘64吨重的LCM6型机械化登陆艇，登陆艇可停放在甲板上，由起重机吊放下水。其中，LCM6型机械化登陆艇可运载34吨物资或80人的兵力。第四种可供选择的装载方案为4艘大型人员登陆艇，其中2艘停放在上层建筑后面。这种大型人员登陆艇重11吨，通常作为控制艇部署在“塔拉瓦”级两栖攻击舰、“奥斯汀”级两栖船坞运输舰上（4艘）、“惠德贝岛”号和“哈帕斯费里”级船坞登陆舰（2艘）以及“纽波特”级坦克登陆舰（2艘）上。

“人马座”号航空母舰

图中是出现于20世纪60年代中期的“竞技神”号航空母舰，它是“人马座”级航空母舰中的顶级产品，比另外3艘“人马座”级航空母舰多用了5年的建造时间。“竞技神”号航空母舰的性能更加优越，在设计中吸收了20世纪50年代出现的许多先进技术。

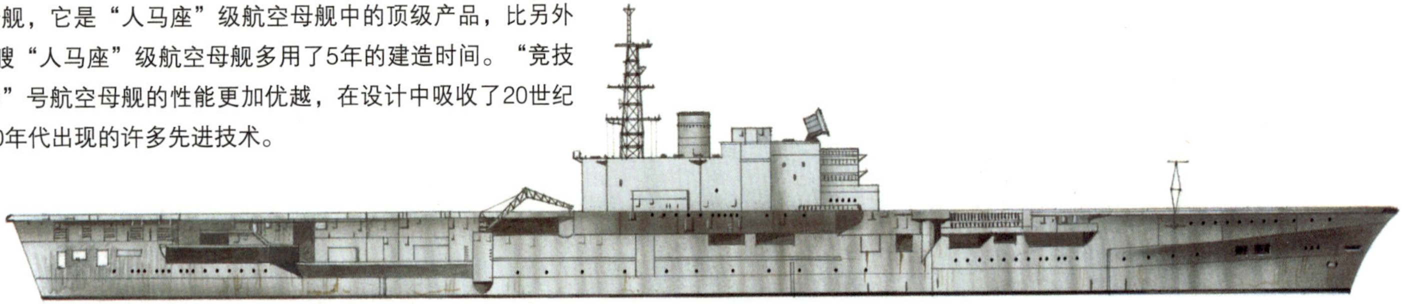

生产国：英国
排水量：标准排水量22000吨，满载排水量27000吨
尺寸：长224.64米(737英尺)，宽27.43米(90英尺)，吃水8.23米(27英尺)，飞行甲板宽30.48米(100英尺)
推进装置：双轴驱动，蒸汽轮机，输出功率58165千瓦(78000轴马力)
速度：29.5节
武器装备：原有32门40毫米高射炮（2门六联装，8门双联装和4门单身管火炮），后为20门40毫米高射炮（8门双联装和4门单身管火炮）
飞机：29架
编制人数：1390人
电子设备：1部982型对空搜索雷达，1部960型对空搜索雷达，1部983型测高雷达，1部277Q型战斗机定向雷达，1部974型导航雷达和1部275型火控雷达

“珀尔修斯”号与“先锋”号飞机修理舰

“珀尔修斯”号与“先锋”号均属于“巨人”级舰队航空母舰，但作为修理舰使用，因此无法执行作战任务。由于完工时间太晚，最终未能编入战时舰队使用，它们成为第一批被拆解的英国航空母舰。“先锋”号航空母舰在1945年完工，当时是一艘修理舰。该舰在战斗中无法起降飞机，仅能够借助起重机把飞机吊到甲板上。“先锋”号与姊妹舰“珀尔修斯”号到20世纪50年代时仍在作为修理舰使用。

生产国：英国

排水量：标准排水量13300吨，满载排水量18040吨

尺寸：长211.84米，宽24.38米，吃水5.59米

推进装置：齿轮蒸汽轮机，输出功率31319千瓦（42000轴马力），双轴驱动

航速：25节

防护装甲：最小限度

武器装备：3门四联装2磅高射炮和10座20毫米口径高射炮

舰载机：无

编制人数：不详

“鹰”号航空母舰

20世纪60年代晚期的某个时候，英国的“鹰”号与“皇家方舟”号航空母舰的最大不同之处在于舰桥顶端有一部巨大的984型雷达，缺少飞机弹射器的抑制设备。

生产国：英国

排水量：标准排水量44100吨，满载排水量45100吨

尺寸：长247.4米(811英尺8.5英寸)，宽34.4米(112英尺11.5英寸)，吃水11米(36英尺)，飞行甲板宽52.1米(171英尺)

推进装置：四轴驱动，蒸汽轮机，输出功率113346千瓦(152000轴马力)

武器装备：31.5l架飞机：36～60架武器装备：4门双联装4.5英寸(114毫米)两用火炮，6门四联装GWS.22“海猫”地对空导弹发射架

编制人数：2750人

电子设备：1部9843D型雷达，1部965型对空搜索雷达，1部963CCA型着舰辅助设备，1部974型导航雷达和1套电子对抗系统

“皇家方舟”号航空母舰

这是一张“皇家方舟”号在1978年的剖面图，与20世纪50年代的舰船结构有着许多不同之处：岛形上层建筑后面的圆屋顶下面安装有航空母舰控制着舰雷达系统（CCA），1套自动着舰装置、大量的桅杆及天线表明了航空母舰电子设备的复杂性。

生产国：英国

排水量：标准排水量43060吨，满载排水量50786吨

尺寸：长275.6米（904英尺），宽34.4米(112英尺11英寸)，吃水11米(36英尺)，飞行甲板宽50.1米(164英尺6英寸)

推进装置：四轴驱动，蒸汽轮机，输出功率113346千瓦(152000轴马力)

速度：31.5节

飞机：39架

武器装备：4座四联装GWS.22“海猫”地对空导弹发射架

电子设备：2台965M型对空搜索雷达，2台982型对空搜索雷达，2台983型测高雷达，1台993型对海搜索雷达，1部SPN-35型飞机着舰装置，1台974型导航雷达和1套电子对抗系统

编制人数：2637人

“竞技神”号航空母舰

“竞技神”号1959年10月编入现役，最初安装的6.5° 斜角飞行甲板是该体积航空母舰所能安装的最大型的斜角甲板。在1980年进行的改装中，该舰增加了滑跃式飞行跳板，加固了飞行甲板，可以起降垂直/短距起降“海鹞”Mk1型战斗机。

生产国：英国
排水量：标准排水量23900吨，满载排水量28700吨
尺寸：长226.9米(744英尺4英寸)，宽27.4米(90英尺)，吃水8.7米(28英尺6英寸)，飞行甲板宽48.8米(160英尺)
机械装置：双轴推进，蒸汽轮机，输出功率56675千瓦(76000轴马力)
速度：28节
武器装备：2座四联装“海猫”地对空导弹发射架（约携带40枚导弹）
飞机：一般为5架（后增加到6架）“海鹞”和9架“海王”反潜直升机
电子设备：1部965型对空搜索雷达，1部993型对海搜索雷达，1部1006型导航雷达，两套GWS22“海猫”制导系统，1套“塔康”系统，一部184型声呐，几套主动与被动电子对抗系统，2台“乌鸦座”诱饵发射架
编制人数：包括航空兵大队在内1350人（舰上的4艘车辆人员登陆艇还可搭载750名全副武装的陆战队突击队员）

“邦那文彻”号航空母舰

英国的“庄严”级航空母舰“力量”号尚未建成就被卖给了加拿大海军，完工后更名为“邦那文彻”号。该舰最初装备F2H“女妖”喷气式战斗机。1961年，该艘航空母舰成为一艘专业的反潜航空母舰。1968年，该舰装备了新式的荷兰雷达，提高了耐波能力。

生产国：英国
排水量：标准16000吨，满载排水量20000吨
尺寸：长219.5米(720英尺)，宽24.38米（80英尺)，吃水7.62米(25英尺)，飞行甲板宽32米(105英尺)
推进装置：双轴驱动，齿轮蒸汽轮机，功率29828千瓦(40000轴马力)
速度：24.5节
武器装备：4门（后为两门）双联装3英寸(76毫米)Mk33型高射炮
飞机：21~24架
编制人数：1370人
电子设备：（1967—1968年改装前）1部SPS-12型对空搜索雷达，1部SPS-8型测高雷达和1部SPS-10型对海搜索雷达

“皇家方舟”号航空母舰

“皇家方舟”号长209.1米，宽36米，满载排水量超过2万吨，航速为28节，舰上编制685人，可搭载“海鹞”垂直/短距起降战斗机和多型直升机，具备强大的反潜及制海能力，1985年7月1日服役，2011年年初退役。

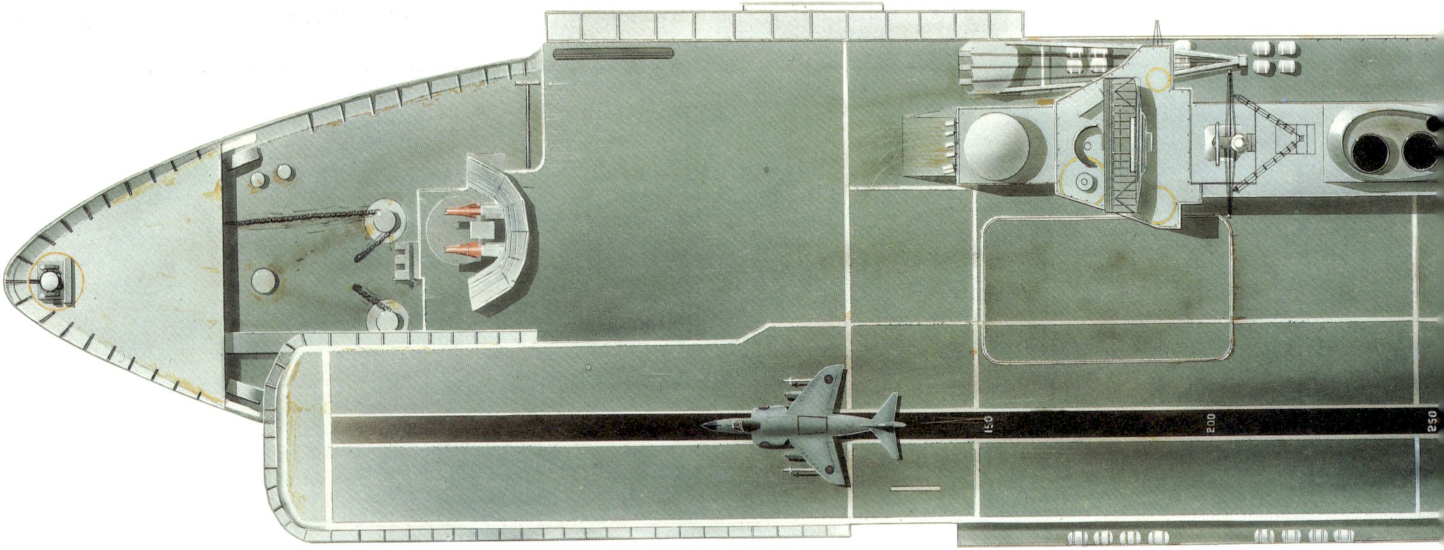

R07

“阿罗芒什”号轻型航空母舰

“阿罗芒什”号航空母舰于1946年进入法国海军服役，其前身原为英国皇家海军的“巨人”号航空母舰。就在其姊妹舰参加朝鲜战争的同时，该舰参加了法国在印度支那的殖民战争，8年期间先后4次部署到前线。

生产国：英国
排水量：标准排水量14000吨，满载排水量19600吨
尺寸：长211.84米(695英尺)，宽24.38米(80英尺)，吃水7.16米(23英尺)，飞行甲板宽36米(118英尺)
推进装置：双轴驱动，蒸汽轮机，输出功率29828千瓦(40000轴马力)
速度：25节
飞机：24架
人员编制：1400人
电子设备：一部DRBV22A型对空搜索雷达，各式法国、美国与英国产的雷达和飞机着舰辅助装置

“圣保罗”号航空母舰

根据计划，两艘“克莱蒙梭”级航空母舰经过现代化改装后，可在法国海军服役到20世纪90年代，“克莱蒙梭”号于1998年3月退出现役，“福煦”号于2000年11月退出现役。“克莱蒙梭”号偶尔担任两栖作战的直升机航空母舰，上载SA330“美洲豹”、AS532“美洲狮”和SA342“小羚羊”等型号的飞机。在1990年海湾部署行动期间，“克莱蒙梭”号将30架“小羚羊”和12架“美洲豹”飞机运往沙特阿拉伯。

生产国：法国
排水量：27032吨（标准），32780吨（满载）
尺寸：长265米(869英尺)，宽51.2米(168英尺)，吃水8.6米(28.3英尺)
动力装置：2轴推进，蒸汽涡轮机，输出功率93960千瓦(126000轴马力)
武器装备：32节武器，12.7毫米（0.5英寸）机枪
飞机：15架AF-1“天鹰”战斗机、4~6架ASH-3“海王”直升机、3架UH-12/UH-13“军旗”战斗机、2架UH-14“超级美洲豹”直升机、206B型教练机
电子装置：1部DRBV23B型对空搜索雷达，1部DRBV15型对空/海搜索雷达，2部DRBI10型测高雷达，1部1226型导航雷达，1部NRBA51型飞机着舰辅助装置，1套NRBP2B“塔康”系统，一套SICONTAMk1型战术数据系统（计划安装），2套AMBL2A型干扰物发射装置
编制人数：1202人(358名航空人员)

“圣女贞德”号直升机航空母舰

“圣女贞德”号直升机航空母舰在和平年代作为训练舰使用，在战时可迅速转变为两栖攻击舰、反潜直升机航空母舰或部队运输舰。于1964年7月1日服役。

生产国：法国
排水量：标准排水量10000吨，满载排水量13270吨
尺寸：长182米，宽24米，吃水深度7.5米
推进装置：两台相连的蒸气涡轮机，可向两个传动轴输送29828千瓦的动力
速度：26.5节
人员编制：455名舰员（33名军官），13名教师和158名军校学员
运送人员：700名突击队员
装载：3架“海豚”直升机，作战装备包括8架“超级黄蜂”和“山猫”直升机以及4艘车辆人员登陆艇
武器装备：2门单管100毫米火炮，2座三管MM38“飞鱼”反舰导弹发射架，4挺12.7毫米机炮。
电子设备：1部DRBV22对空搜索雷达，1部DRBV51对空/对地搜索雷达，1部DRBN34A导航雷达，3部DRBC32A火控雷达，1部SRN-6机载战术导航系统，1部SQS-503声呐，DUBV24C主动船体声呐，2个塞莱克斯电子对抗火箭发射器

水面其他战舰

尽管大型战舰是现代海军的基础，但海上战争的复杂性要求必须有大量的小型舰艇的支持。这些小型舰艇可以分为如下几类：扫雷舰——在海岸线和内陆水道作业的小型巡逻艇；大量的大型战斗支援舰——这些舰艇通过为战舰供应燃料、弹药、食品等物资，保证战舰能继续执行任务。

“猎狐”级驱逐舰

为了满足护航运输队对于护航舰艇不断增长的需求，英国皇家海军又建造了大批“猎狐”级驱逐舰，其中，首批86艘舰船于1939年编入现役。最初，“猎狐”级由于片面追求高航速，致使续航力受到严重限制，在此情况下，英国人对其设计方案重新进行改进，增加了燃料舱的空间，整体性能得到进一步提高。

生产国：英国
舰员编制：170人
排水量：1107吨
体积：85.7米×9.6米×2.36米
武器装备：2门102毫米口径火炮，1门高射炮
动力装置：2台蒸汽涡轮机，双轴推进
续航力：4626千米（2500海里）
航速：27～30节

CAM武装商船

第二次世界大战初期，英国由于缺乏护航航空母舰，使得大西洋护航运输队极易受到德国远程飞机的攻击。鉴于这种局面，英军作出一个明智的决定，为商船加装弹射器，并配备一架战斗机。

“不列颠女王”号客轮

第二次世界大战争爆发后，“不列颠女王”号客轮与其他许多客轮一样被征用作为运兵船。1940年10月26日，“不列颠女王”号客轮满载英军官兵及其家属结束海外部署返回本土，途中遭到德国空军FW－200“秃鹰”轰炸机的猛烈攻击，甲板发生大火，仍然坚持向英国海岸驶去。在此情况下，“U－32”号潜艇奉命紧急出航，经过一天多的激烈追逐后，最终于10月27—28日夜间用两枚鱼雷将其击沉。

生产国：英国
乘客：1195人
排水量：43027吨
舰长：231.84米
舰宽29.79米
动力装置：4台“科蒂斯－布朗”蒸汽涡轮发动机，4螺旋桨推进
航速：24节

“漫步者”号驱逐舰

英国皇家海军“漫步者”号驱逐舰参加过第一次世界大战，经过现代化改造后作为远程护航战舰使用，于1941年3月击沉德国海军王牌潜艇指挥官克雷奇默尔指挥的“U－99”号潜艇。

生产国：英国
舰员编制：127人
标准排水量：1100吨
体积：95.1米×9米×3.2米
武器装备：4门102毫米口径火炮，1门76毫米口径防空火炮，6具533毫米口径鱼雷发射管，大量深水炸弹
动力装置：蒸汽涡轮机，双轴推进
续航力：15节航速可达8350千米（4509海里）
最大航速：34节

“狼獾”号驱逐舰

第一次世界大战刚一结束，英国皇家海军“狼獾”号驱逐舰就开始了漫长的服役生涯，后来作为护航战舰参加了第二次世界大战，1941年3月7日成功击沉德国海军战功显赫的“U－47”号潜艇。1946年，年事已高的“狼獾”号驱逐舰最终被出售拆解。

生产国：英国
舰员编制：134人
武器装备：2门120毫米口径火炮，3具鱼雷发射管，大量深水炸弹，“刺猬”反潜迫击炮
续航能力：15节航速可达5778千米（3120海里）
最大航速：34节

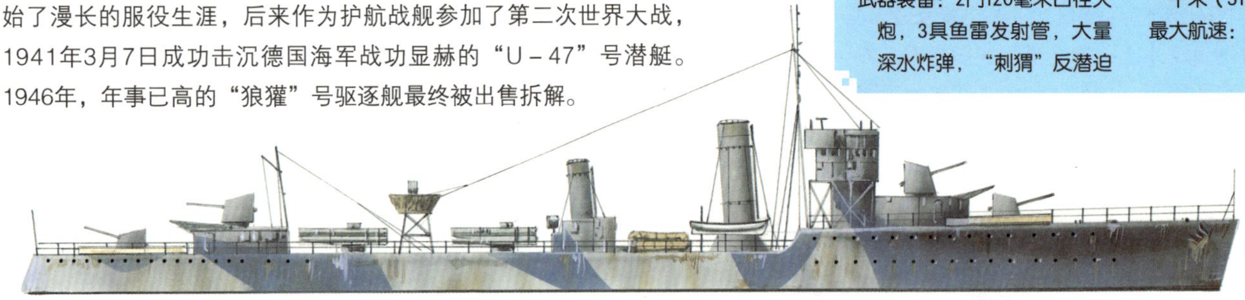

“麦地那”级导弹护卫舰

1980年沙特阿拉伯现海军从法国购买4艘“麦地那”级护卫舰。1997年—2000年由法国公司进行升级改进。

生产国：法国
排水量：标准排水量2000吨，满载排水量2870吨
舰艇尺寸：舰长115米；舰宽12.5米；吃水深度4.9米
动力系统：4台“皮尔斯蒂克”柴油机，输出功率28630千瓦（38400轴马力），双轴推进
航速：航速30节，航程14825千米（9210英里）
武器系统：2座四联装集装箱式导弹发射装置，发射“奥托马特”Mk2型反舰导弹；1座八联导弹发射装置，配备26枚“响尾蛇”海军防空导弹；1门100毫米（3.9英寸）口径火炮以及2门双联装“布雷达”40毫米口径防空火炮；4具单管533毫米口径（21英寸）鱼雷发射管，配备ECANF17P反潜鱼雷
舰载机：1架SA365F“海豚”2直升机
人员编制：179人

“牛舌草”号轻巡洋舰

根据第二次世界大战时紧急建设计划，英国皇家海军“花”级轻巡洋舰“牛舌草”号仅仅花费5个月时间便建成下水。与早期护航战舰相比，“牛舌草”号安装了一系列先进的反潜设备，大大提升了护航作战能力。

生产国：英国
舰员编制：96人
标准排水量：1015吨
体积：62.5米×10.1米×3.5米
武器装备：1门102毫米口径副炮，6门20毫米口径加农炮，70枚深水炸弹，“猬”式反潜迫击炮
动力装置：4缸蒸汽机组，单轴推进
续航力：6389千米（3500海里）
最大航速：16节

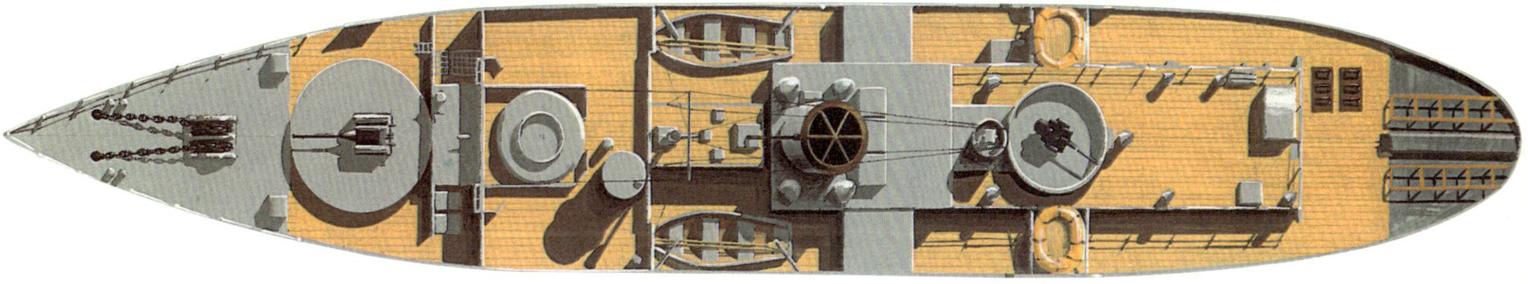

“埃斯梅拉尔达斯”级轻型导弹巡洋舰

1978年，厄瓜多尔海军向意大利订购了6艘“埃斯梅拉尔达斯”导弹巡洋舰，该级战舰每艘的火力胜过许多小型护卫舰。这些战舰装备有6枚MM40型“飞鱼”反舰导弹、1座四联装“信天翁”防空导弹发射装置，另外还有舰炮和鱼雷。

生产国：意大利
排水量：标准排水量620吨，满载排水量685吨
舰艇尺寸：舰长62.3米；舰宽9.3米；吃水深度2.5米
动力系统：4台MTU柴油机，输出功率18195千瓦（24400轴马力），4轴推进
航速：37节
武器系统：6座集装箱式导弹发射装置，发射MM40“飞鱼”反舰导弹；1座“信天翁”导弹发射装置，配备4枚“蝮蛇”防空导弹；1门76毫米（3英寸）口径“奥托·梅莱拉”小型火炮以及1门双联装40毫米口径防空火炮；2具三连装324毫米（12.75英寸）口径ILAS-3鱼雷发射管，配备6枚“怀特黑德”A244/S反潜鱼雷
舰载机：着陆缓冲垫上仅搭载1架轻型直升机电子系统，1部RAN10S对空/对海搜索雷达，1部“猎户座”10X火控雷达，1部“猎户座”20X火控雷达，1部3RM20导航雷达，1套IPN20数据信息系统，1套“伽马”电子监视系统，1部“刺豚”舰体安装声呐
人员编制：51人

“郡”级导弹驱逐舰

1982年2月，英国皇家海军“伦敦”号驱逐舰卖给巴基斯坦，改名为“雄狮”号。“海参”防空导弹系统老化过时，再加上供弹量严重不足，因此从“伦敦”号上拆除了。该舰还做了其他改进工作，以便搭载“海王”直升机，舰上还增加了一些轻型防御武器。

生产国：英国

排水量：标准排水量6200吨，满载排水量6800吨

舰艇尺寸：艇长158.7米；艇宽16.5米；吃水深度6.3米

动力系统：复合式蒸汽燃气涡轮方式（COSAG），带2台输出功率为22370千瓦（30000轴马力）的齿轮传动蒸汽轮机，4台输出功率为22370千瓦（30000轴马力）的G6型燃气涡轮发动机机，双轴推进

性能：航速32.5节，航程6435千米（4000英里）/28节

武器系统：1座GWS.50型MM.38型“飞鱼”反舰导弹发射装置，装弹4枚；1座双联装“海参”Mk2防空导弹发射装置，备弹30枚；1座双联装Mk6型4.5英寸火炮；2座GWS.22型四联装“海猫”防空导弹发射装置，备弹32枚；2门20毫米口径防空火炮；2具12.75英寸（324毫米）口径STWS.1三联鱼雷发射管；12枚Mk46型反潜鱼雷，

电子系统：1部965M型对空搜索雷达，1部992Q型对空搜索和目标指示雷达，1部901型“海参”火控雷达，1部278M型测高雷达，2部904型“海猫”防空导弹射击指挥雷达，1套MRS3型炮瞄系统，1部1006型导航和直升机操纵雷达，1套ADAWS1战斗情报系统，1套电子监视系统，2座“乌鸦座”干扰物发射装置，1部184型船体安装声呐，1部170B型船体安装攻击声呐，1套182型鱼雷诱饵系统和1部185型水下电话

舰载机：1架“大山猫”HAS.Mk2型或3型直升机

人员编制：471人

“卡辛”级导弹驱逐舰

世界上第一个利用燃气涡轮动力系统的主力战舰就是前苏联的20艘“卡辛”级导弹驱逐舰，这20艘战舰从1963年开始建造。“卡辛”级驱逐舰非常适于承担防空和反潜任务，2座双联装防空导弹发射装置提供防空能力，2座12管特种火箭发射装置和1具PTA-53-61型五联装533毫米（21英寸）口径鱼雷发射管装置为其提供反潜能力。

生产国：苏联
排水量：标准排水量4010吨，满载排水量4750吨
舰艇尺寸：舰长144米；舰宽15.8米；吃水深度4.7米
动力系统：燃气轮机和燃气轮机联合装置（燃－燃组合方式COGAG），带4台DE59型燃气涡轮机，输出功率为53700千瓦（72025轴马力），双轴
性能：航速32节，航程7400千米/18节
武器系统：2座双联装导弹发射装置，配备32枚防空导弹、AK-726火炮，2座250毫米口径RPK-8型“西方”（RBU6000）12管反潜火箭发射器，1座五联533毫米口径（21英寸）反潜鱼雷发射管装置（“伶俐”号除外），依照各个类型分别装备20枚到40枚水雷
电子系统：“伶俐”号1部“头网C”3D雷达，1部“顶舵”3D雷达，2部“顿河礁”导航雷达，8部“前圆顶”SA-N-7导弹火控雷达，2套“监控器”电子对抗措施系统，1套“高杆B”敌我识别系统，2部“枭鸣”炮瞄雷达，1部高频舰体声呐
舰载机：只有一个直升机起降平台
人员编制：280人

“易洛魁”级导弹驱逐舰

1972年7月，“易洛魁”号导弹驱逐舰服役，它将与3艘姊妹舰作为加拿大海军的主力反潜平台一直服役到21世纪20年代。如今，“易洛魁”级战舰已经达到其设计重量的极限，最初装备的海军版AIM-7E“麻雀”防空导弹已被SM-2MR“标准”导弹取代。

生产国：加拿大

排水量：满载排水量5300吨

舰艇尺寸：舰长129.84米；舰宽15.24米；吃水深度4.72米

动力系统：组合燃气轮机或燃气轮机方式（COGOG），2台普拉特&惠特尼公司的FT4A2型燃气涡轮发动机［输出功率为37280千瓦（50000轴马力）］，2台阿里森公司570-KF型燃气涡轮发动机［输出功率为9470千瓦（12700轴马力）］，均为双轴

性能：航速27节，15节航速下的航程8370千米（5200英里）

武器系统：1座Mk41型垂直发射系统，配备29枚“标准”SM-2MRBlock Ⅲ型防空导弹，1门76毫米口径（3英寸）超快速火炮，1套20毫米口径Mk15“密集阵”近战武器系统，以及2具三联装Mk32型324毫米口径（12.75英寸）鱼雷发射管，配备12枚Mk46型反潜鱼雷

电子系统：1部SPS-502对空搜索雷达，1部SPQ-501对海搜索雷达，2部“探险者”导航雷达，2部SPG-501火控雷达，1套SLQ-501CANEWS（加拿大海军电子战系统）电子监视系统，1套Nulka电子对抗系统，4座屏蔽诱饵发射装置，SLQ-25“水精”鱼雷诱饵，以及2部SQS-510组合式舰体声呐和可变深度声呐

舰载机：2架CH-124A型“海王”反潜直升机

人员编制：255人

“布朗海军上将”级导弹驱逐舰

1979年，阿根廷在决定订购6艘体形较小的“梅科”140型护卫舰（即阿根廷本土建造的“埃斯波拉”级）之后，修改了在1978年的“梅科”360型驱逐舰的订单，订购数量从6艘减为4艘。如今，4艘“梅科”360型驱逐舰均在服役，基地设在德塞阿多港，它们还能用作旗舰。

生产国：阿根廷

排水量：标准排水量2900吨，满载排水量3360吨

舰艇尺寸：舰长125.9米；舰宽14米；吃水深度5.8米

动力系统：罗尔斯·罗伊斯公司的燃气轮机，2台“奥林巴斯”TM3B型发动机［输出功率为37280千瓦（50000轴马力）］，2台“泰恩”RM1C型发动机［输出功率7380千瓦（9900轴马力）］双轴推进

航速：30.5节

武器系统：2座四联装MM.40“飞鱼”舰对舰导弹发射装置；1座“信天翁”八联装导弹发射装置，配备24枚“蝮蛇”防空导弹；1门127毫米（5英寸）口径火炮；4门双联装40毫米口径防空火炮；2门20毫米口径火炮；以及2具三联装324毫米（12.75英寸）口径ILAS3型鱼雷发射管，配备18枚“怀特黑德”A244反潜鱼雷

电子系统：1部DA-08A对空/对海搜索雷达，1部ZW-06导航雷达，1部STIR（监视与目标指示雷达）火控雷达，1套德国通用电力德律风根公司研制的电子监视系统，2座“斯科拉尔”和2座“达盖”诱饵发射装置，1部DSQS-21BZ型主动式舰体声呐

舰载机：1架或2架AS555型“非洲狐”直升机

人员编制：200人

“卡拉”级大型反潜舰

“卡拉”级战舰在1973—1980年间编入苏联海军服役。“卡拉”级所担负的主要是反潜任务，因此被定级为驱逐舰，但事实上该级战舰是一种具有巡洋舰大小尺寸的大型战舰，装备有重型武器和通用武器。

生产国：苏联

排水量：标准排水量8200吨，满载排水量9700吨

舰艇尺寸：舰长173米；舰宽18.60米；吃水深度6.70米

动力系统：COGAG燃气涡轮发动机，输出功率89485千瓦（120000轴马力），双轴推进

航速：34节

舰载机：1架Ka-27“蜗牛”反潜直升机

武器系统：2座四联装“漏斗口”（北约代号SS-N-14“硅石”）反潜导弹发射装置，带弹8枚；2座两联装“风暴”SA-N-3“高脚杯”防空导弹发射装置，带弹72枚。“亚述海”号除外，“卡拉“级上除了装有1套“风暴”防空导弹发射系统外，还装有1套“堡垒”（北约代号SA-N-6，“雷鸣”）防空导弹系统，带弹24枚；2座双联装“奥莎M”（SA-N-4“壁虎”）防空导弹发射装置，带弹40枚；2门双联76毫米口径（3英寸）火炮；4门30毫米口径AK-630六管近战武器系统；2座12管RBU6000反潜火箭发射装置；2座RBU1000型反潜火箭发射装置

电子系统：1部MR-700F型“鳞皮牛肝菌”“平面屏”3D对空搜索雷达，1部MR-310U“安加拉M”“顶网C”3D搜索雷达，2部“顿河礁”或者“棕榈叶”导航雷达，2部“霹雷”公司的“前灯B”SA-N-3和SS-N-14火控雷达，2部MPZ-301“气枪群”SA-N-4火控雷达，2部“枭鸣”76毫米口径火控雷达，2部“椴木槌”近战武器系统火控雷达（炮瞄雷达），1部“高杆A”和“高杆B”敌我识别系统，1部“边球”电子监视系统，1套“钟”系列或者1套“酒桶”电子对抗系统，1部MG-332型舰体声呐，1部MG-325“织女星”“马尾”可变深度声呐

人员编制：525人

“白根”级反潜驱逐舰

日本的“白根”级驱舰一共建了两艘，分别是“白根”号和“藏马”号，分别于1980年和1981年服役。

生产国：日本

排水量：标准排水量5200吨，满载排水量6800吨

舰艇尺寸：舰长158.8米；舰宽17.5米；吃水深度5.3米

动力系统：齿轮传动的蒸汽轮机，输出功率为52200千瓦（70000轴马力），双轴

航速：32节（59千米/小时，37英里/小时）

舰载机：三架三菱-西科斯基公司SH-60J“海鹰”反潜直升机

武器系统：1座八联装“阿斯罗克”Mk112型反潜导弹发射装置（24枚导弹携带Mk46型轻型鱼雷）；2具68型324毫米（12.75英寸）口径三联反潜鱼雷发射管，配备Mk46Mod5型反潜鱼雷；2门FMC型127毫米（5英寸）口径单管火炮；1座八联“海麻雀”防空导弹发射装置；2套20毫米口径“密集阵”近战武器系统

电子系统：1部OPS-123D雷达，1部OPS-28对海搜索雷达，OFS-2D导航雷达，“信号”公司的WM-25型导弹射击指挥雷达，2部72型炮瞄雷达，1部ORN-6C型“塔康”战术空中导航系统，1套多用途电子监视系统以及1套电子对抗/诱饵设备，1部OQS-101舰首装声呐，1部SQR-18A被动拖曳式阵列声呐，1部SQS-35（J）主动式/被动式可变深度声呐

“斯普鲁恩斯”级反潜驱逐舰

美国的“斯普鲁恩斯”级驱逐舰“格拉斯”号（DD974）于1978年服役。如今，搭载在该舰上的卡曼公司制造的SH-2D型反潜直升机已被西科尔斯基公司SH-60B型直升机取代了。截至2012年，SH-60R型取代现役的SH-60B型直升机。

生产国：美国

排水量：满载排水量8200吨

舰艇尺寸：舰长171.70米；舰宽16.80米；吃水深度8.80米

动力装置：4台通用电气公司LM2500燃气涡轮，输出功率为59655千瓦（80000轴马力），双轴推进

航速：33节（60千米/小时，38英里/小时）

舰载机：2架SH-60BSH-60R“海鹰”直升机

武器系统：1座Mk41导弹垂直发射系统，发射“战斧”导弹；2座四联装“鱼叉”导弹发射装置；2座八联装“海麻雀”防空导弹装置（带弹24枚）；2套Mk15“密集阵”20毫米口径近战武器系统；2门127毫米（5英寸）口径火炮；1座八联装Mk112“阿斯罗克”反潜火箭发射器；2具三联装324毫米（12.75英寸）口径Mk32型反潜鱼雷发射管，配备Mk46型鱼雷

电子系统：1部SPS-40E对空搜索雷达，1部SPS-55对海搜索雷达，1部SPG-60火控雷达，1部SPQ-9A火控雷达，1部SLQ-32（V）2电子监视系统设备，2座Mk36型干扰物发射装置，1部SQS-53舰首声呐，1部SQR-19拖曳式声呐

人员编制：320～350人

“基洛夫”级导弹巡洋舰

1977年12月，“基洛夫”号下水，1980年服役苏联海军。“基洛夫”级在战时的主要任务是用携带核弹头的“花岗岩”导弹来摧毁美国海军的航母战斗群。

生产国：苏联

排水量：标准排水量24300吨，满载排水量26500吨

舰艇尺寸：舰长252米；舰宽28.50米；吃水深度10米

动力系统：2座KN-3压水核反应堆（PWR）以及2座蒸汽锅炉，输出功率为102900千瓦（140000轴马力），双轴

航速：30节

舰载机：3架Ka-25或Ka-27直升机

武器系统：20枚“花岗岩”（北约代号SS-N-19“海难”）舰舰导弹；12座八联“堡垒”（北约代号SA-N-6“雷鸣”）防空导弹发射装置；2座“短刀”（SA-N-9“长手套”）八联装导弹发射装置，带弹128枚；2座双联装“奥莎M”（SA-N-4“壁虎”）防空导弹发射装置，带弹40枚；2门130毫米口径火炮；六座“卡什坦”（CADS-N-1）组合30毫米口径（AK630/SA-N-11“灰鼬”）火炮/导弹近战武器系统；1座“漏斗口”（北约代号SS-N-14“硅石”）双联装反潜导弹发射装置，带弹16枚；1座12管RBU6000反潜火控发射装置；2座六管RBU1000反潜火箭发射装置；2具五联装533毫米（21英寸）口径反潜鱼雷发射管，发射40型鱼雷或者“维约加”（北约代号SS-N-15“海星”）反潜导弹

电子系统：1部“顶对”3D雷达，1部“顶舵”3D雷达，2部“顶罩”SA-N-6导弹火控雷达，2部“气枪群”SA-N-4火控雷达，3部“棕榈叶”导航雷达，1部“鸢鸣”130毫米口径火控雷达（炮瞄雷达），2部“眼碗”SS-N-14火控雷达，4部“椴木棰”近战武器系统火控雷达，1套“边球”电子监视系统，10套“钟”系列电子对抗系统，4套“酒桶”电子对抗系统，1部“多项式”低频舰首声呐，1部“马尾”中频可变深度声呐

人员编制：727人

“伊万·罗戈夫”级两栖船坞运输舰

如今，俄罗斯太平洋舰队的2艘“伊万·罗戈夫”级战舰已经退役，只剩下唯一的一艘“米特罗凡·莫斯卡连科”号尚在北方舰队服役，母港设在北莫尔斯克。

生产国：苏联
排水量：标准排水量8260吨，满载排水量14060吨
舰艇尺寸：舰长157.5米；舰宽24.5米；吃水深度6.5米
动力系统：2台燃气涡轮机，输出功率为29820千瓦（39995轴马力），双轴推进
性能：航速19节，航程13900千米（8635英里）/14节
武器系统：1座双联装导弹发射装置，配备20枚SA-N-4“壁虎”防空导弹；1门双联装76.2毫米口径（3英寸）火炮；4座30毫米口径ADG-630型近战武器系统设备；2座SA-N-5型四联装导弹发射装置；2座122毫米口径（4.8英寸）火箭发射器
电子系统：1部“顶板A”3D雷达，2部“顿河礁”或“棕榈叶”导航雷达，2部“牌箱”光学指挥仪，1部“枭鸣”76.2毫米口径火炮的炮瞄雷达，1部“气枪群”SA-N-4导弹射击指挥雷达，2部“椴木棰”近战武器系统火控雷达，1部“盐罐B”敌我识别系统，3套“罩钟”电子监视系统，2套“座钟”电子对抗系统，20部诱饵投放装置，1部“鼠尾”可变深度声呐
运送兵力：522名陆战队队员，典型装载为20辆主战坦克或20辆装甲人员输送车和卡车、2500吨物资以及3艘气垫船或6艘机械化登陆艇
舰载机：4架Ka-29“蜗牛”直升机
人员编制：239人

“瓦斯帕达”级导弹快艇

1977—1979年，文莱订购了3艘“瓦斯帕达”级导弹快艇，并在20世纪80年代进行了现代化改进。“瓦斯帕达”号快艇是该级快艇的首艇，另外2艘是“皮胡安”号和“斯特利亚”号。这些快艇均由2台MTU20V538TB91型柴油发动机驱动，输出功率5720千瓦（7670轴马力），双轴推进，最大航速32节。这3艘舰艇于1998—2000年进行改进，加装了1007型雷达和1部“拉德麦克”2500型光学定向仪。

“拉马丹”级导弹快艇

“拉马丹”号级快艇的首艇“拉马丹”号于1981年7月服役。该级其他艇只分别为“吉波尔”号、“厄尔卡德萨亚”号、“厄尔亚莫克”号、“巴蒂尔”号和“赫特因”号。根据2001年签订的一份合同规定，决定在2002—2007年间对这些舰艇进行升级，包括更新S820型和ST802型雷达，安装Mk2型反舰导弹而非Mk1“奥托马特”反舰导弹，用NAUTIS3战斗数据系统取代原来的计算机辅助作战情报系统。

生产国：英国
排水量：307吨（满载）
舰艇尺寸：艇长52米；艇宽7.6米；吃水2米
动力系统：4台MTU20V538TB91柴油发动机，功率13400千瓦（17970轴马力），4轴推进
航速：40节［74千米/时（46英里/时）］
巡航里程：2975千米（1850英里）/18节
武器装备：见正文
电子系统：S820搜索雷达，S810导航雷达，2部ST802火控雷达，“蓝宝石”火控系统和电子对抗系统
艇员编制：30人

“战士Ⅲ”级导弹巡逻艇

1971—1972年希腊海军向法国订购了“战士Ⅲ”级导弹快艇，该型导弹快艇装有2门76毫米口径火炮和MM.38型“飞鱼”反舰导弹。

生产国：法国

排水量：标准排水量359吨，满载排水量425吨

舰艇尺寸：艇长56.15米；艇宽8米；吃水深度2.1米

动力系统：（1型）4台输出功率达12720千瓦（17060轴马力）的MTU20V538TB92型柴油机或者（2型）4台输出功率达11460千瓦（15370轴马力）的MTU20V538TB91型柴油机，每种型号均为4轴推进

性能：航速（1型）为36.5节，（2型）为32.5节，航速为15节时的续航力为5000千米（3105英里）

武器系统（1型）：4座MM.38型“飞鱼”反舰导弹发射装置，2门76毫米口径（3英寸）的“奥托·梅莱拉”火炮，2门双联装30毫米口径防空火炮，2具533毫米口径鱼雷发射管（2型巡逻艇装备），6座“企鹅”Mk2型反舰导弹发射装置，2门76毫米口径的火炮以及2门双联装30毫米口径防空火炮

电子系统：1部“海神”对海搜索雷达，1部“台卡”1226C导航雷达，1部“北河二”Ⅱ型和1部“双子座”火控雷达，1套“织女星”Ⅰ或Ⅱ（1型）或PFCS-22型武器控制系统，2个“熊猫”光学瞄准具，1套DR2000S型电子监视系统和1座“韦格曼”干扰物发射器

人员编制：42人

“战士Ⅱ”级或“卡曼”级导弹快艇

1977年—1981年伊朗订购了12艘“卡曼”级导弹快艇。“钉头槌”号是伊朗第一艘携带“鱼叉”反舰导弹（2座双联装发射器可发射4枚导弹，如图）的“卡曼”级导弹快艇，现在它所携带的武器是弃用的“萨姆纳”级驱逐舰上的“标准”SM-1型导弹。

生产国：法国

排水量：标准排水量249吨，满载排水量275吨

舰艇尺寸：艇长47米；艇宽7.1米；吃水深度1.9米

动力系统：4台输出功率为9160千瓦（12285轴马力）的MTU16V538TB91型柴油机，4轴推进

性能：航速36节，15节航速下的续航力为3700千米（2300英里）

武器系统：1座或2座C-802型反舰导弹双联发射装置，或者4座“鱼叉”反舰导弹发射装置，1门76毫米口径火炮和1门40毫米口径防空火炮

电子系统：1部WM-28型对海搜索/火控雷达，1部“台卡”1226型导航雷达，1套“达利亚/阿里加托尔”电子监视系统/电子对抗系统

人员编制：31人

“雷谢夫”级导弹快艇

以色列海军“雷谢夫”级导弹快艇。该级快艇装备多种类型的导弹，是现役快艇中战斗力最强的一种。在1979—1981年期间，以色列将2艘该级导弹快艇卖给智利，1997年又有两艘卖给智利。

生产国：以色列
排水量：450吨（满载）
舰艇尺寸：艇长58米；艇宽7.8米；吃水2.4米
动力系统：4台MTU/“巴赞”型柴油机，功率15000轴马力，4轴推进
最大航速：32节
巡航里程：2657千米/30节
艇员编制：45人
电子系统：1部“汤姆森”CSFTH-D1040型“海神”对空/对海搜索雷达，1部塞莱尼亚公司的“猎户座”RTN-10X雷达，1部“埃尔塔”MN-53电子对抗系统，箔条/红外发射器，某些快艇上还装备有ELAC声呐
艇员编制：45人

“柯马”级导弹快艇

“柯马”级导弹快艇于1959—1961年建造。“柯马”级导弹快艇以标准的鱼雷艇体为基础，艇体为木质结构。

生产国：苏联
排水量：80吨（满载）
舰艇尺寸：艇长26.8米；艇宽6.4米；吃水1.8米
动力系统：4台柴油发动机，功率3580千瓦（4800轴马力），4轴推进
最大航速：40节【74千米/时；（46英里/时）】
武器系统：2座SS-N-2A“冥河”反舰导弹发射架，1门双联装25毫米口径（0.985英寸）防空火炮
电子系统：1部“方结”搜索雷达，1部“高杆-A”敌我识别装置和1部“死鸭”敌我识别装置
艇员编制：11人
拥有国家：阿尔及利亚、古巴、埃及、朝鲜

“马达拉卡”级导弹快艇

“马达拉卡”级一共有3艘，是肯尼亚海军20世纪70年代向英国订购的。“马达拉卡”号只是1艘大型巡逻艇，武器系统仅限于上层建筑的前面和后面的30毫米口径“厄利空”火炮。在1981—1982年间的现代化改进中，增加了4枚以色列“加百利”Mk2型反舰导弹。

生产国：英国
排水量：120吨（标准）；145吨（满载）
舰艇尺寸：艇长32.6米；艇宽6.1米；吃水1.7米
动力系统：2台“帕克斯曼·维伦塔”16RP200M型柴油发动机，功率4025千瓦（5400轴马力），双轴推进
性能：航速25节；巡航里程4265千米（2650英里）/12节
武器系统：4枚“加百利”Mk2型反舰导弹，2门30毫米口径“厄利空”防空火炮
电子系统：1部RM916型对海搜索雷达和1部“塞列尼亚”RTN10X火控系统
艇员编制：21人

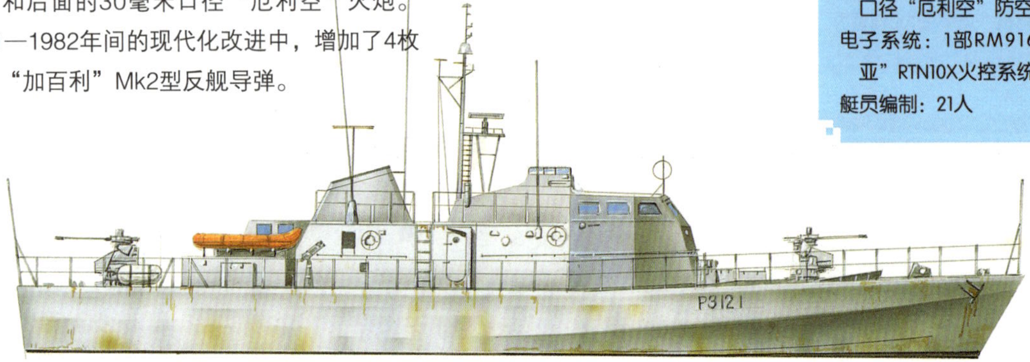

“克比尔”级导弹快艇

1981年阿尔及利亚政府向英国布鲁克船舶公司订购了15艘“克比尔”级导弹快艇。“厄尔莫拉克夫”号于1983年建造完毕，是最初两艘英国制造的“克比尔”级火炮快艇中的1艘。这2艘快艇前端安装有1门76毫米（3英寸）口径“奥托·梅莱拉”火炮，1个双联装底座上安装有2挺14.5毫米口径机枪，而后来的快速攻击艇上的2个火炮底座（艇艏和艇艉）作战水准较低，每艘装备有2门25毫米口径苏制火炮。

生产国：英国
排水量：166吨（标准）；200吨（满载）
舰艇尺寸：艇长37.5米；艇宽6.9米；吃水1.7米
动力系统：2台MTU12V538TB92型柴油发动机，功率3800千瓦（5095轴马力），双轴推进
性能：航速27节；巡航里程6115千米（3800英里）/12节
武器系统：1门76毫米口径（3英寸）“奥托·梅莱拉”紧凑型火炮或2门双联装苏联25毫米口径L/60火炮，前5艘舰艇上装备有1挺双联装14.5毫米口径（0.57英寸）苏制机枪
电子系统：“雷卡·台卡”1226型对海搜索雷达，前2艘舰艇上装备有1部“劳伦斯·斯科特”光学制导仪
艇员编制：27人

“西尔塞”级猎雷艇

法国海军1968年订购了第1艘“西尔塞”猎雷艇于1972年服役，“西尔塞”猎雷艇的船舱天花板和上层建筑由木材和玻璃纤维树脂制成，艇体由木材和泡沫制成，很难被敌方的磁场和声波探测设备发现。5艘该级猎雷艇经过改进之后，于1997年卖给土耳其。

生产国：法国
排水量：460吨（标准）；510吨（满载）
舰艇尺寸：艇长50.9米；艇宽8.9米；吃水3.6米
动力系统：1台柴油发动机，功率1340千瓦（1800轴马力），单轴推进，和1部辅助“主动舵”猎雷系统
性能：航速15节；续航力5560千米（3455英里）/12节
武器系统：1门20毫米口径防空火炮
电子系统：1部“台卡”1229型导航雷达，1部DUBM20A型猎雷声呐，和2部PAP104型潜艇水雷处理系统
艇员编制：48人

“莱里齐”级海岸猎雷艇

意大利的“莱里齐”级猎雷艇配备了本国制造的MIN77型猎雷潜水器和6名负责安装水雷爆炸装置的潜水员。这些舰艇最初安装20毫米口径火炮，1999年后被25毫米口径火炮取代。

生产国：意大利
排水量：620吨（满载）
舰艇尺寸：艇长50米；艇宽9.9米；吃水2.6米
动力系统：1台“芬坎泰里”公司制造的GMT型柴油发动机，功率1480千瓦（1985轴马力），单轴推进；3台“依索达-弗拉斯契尼”柴油发动机，功率1105千瓦（1480轴马力）；3部低速推进器
航速：15节
武器系统：1门25毫米口径火炮
电子系统：1部SPN-728（V）3型导航雷达，无线电导航系统，SQQ-14（IT）猎雷声呐和1艘MIN77无人遥控潜水艇
艇员编制：47人

“法尔斯特岛”级布雷艇

丹麦在地理位置上扼守进出波罗的海的通道。“法尔斯特岛”级布雷艇随时准备封锁连接北海和波罗的海的水道。“摩恩岛”号和“富恩岛”号于1962年下水。

生产国：丹麦
排水量：1800吨（标准）；1900吨（满载）
舰艇尺寸：艇长77米；艇宽12.5米；吃水4米
动力系统：2台柴油发动机，功率3580千瓦（4800轴马力），双轴推进
性能：航速17节
武器系统：2门双联装76毫米（3英寸）口径Mk33型两用火炮，4门20毫米口径防空火炮和多达400枚水雷。
电子系统：1部CWS-2型对空/对海搜索雷达，1部MWS-1型战术雷达，1部NWS-2型导航雷达，1部WM-46型火控系统，2座57毫米（2.24英寸）口径多桶诱饵发射器，和（“摩恩岛”号）电子对抗系统
艇员编制：120人

“波江座”级猎雷艇

1984—1988年，10艘“波江座”级猎雷艇进入法国海军服役，该艇安装DUBM21A型猎雷声呐，它是法国“西尔塞”级猎雷艇的DUBM20A声呐的改进型，可以探测和识别80米（260英尺）深处的水雷。

生产国：法国

排水量：562吨（标准）；605吨（满载）

舰艇尺寸：艇长51.5米；艇宽8.9米；吃水2.5米

动力系统：1台柴油发动机，功率1385千瓦（1860轴马力），单轴推进；1部辅助猎雷系统

性能：航速15节；续航力5560千米（3455英里）/12节

武器系统：1门20毫米口径防空火炮，1挺12.7毫米（0.5英寸）口径机枪

电子系统：1部“台卡”1229型导航雷达，1部“道朗”无线电导航系统，1部“塞历迪斯”无线电导航系统，1部“台卡”Hi-Fix导航系统，1部TSM2061作战数据系统，1部DUBM21A/D猎雷声呐即将被2022Mk3型声呐取代，2部PAP104水雷处理系统

艇员编制：49人

“林道”级海岸扫雷/猎雷艇

“林道”号海岸扫雷艇于1957年2月下水，是第二次世界大战后第一艘加入德国海军的德制猎雷艇。为了减少磁性水雷的攻击，艇体由层压木材混合塑料胶制成，发动机由无磁性材料制成。后来，该舰被改装成标准的331B型海岸猎雷艇。

生产国：德国
排水量：388吨（标准）；463吨（满载）
猎雷艇尺寸：艇长47.1米；艇宽8.3米；吃水3米
动力系统：2台柴油发动机，功率2980千瓦（4000轴马力），双轴推进
性能：航速17节；巡航里程1575千米（980英里）/16.5节
武器系统：1门40毫米口径防空火炮
电子系统：1部TSR/N或“凯尔文·休斯”14/9型导航雷达，1部193M（331A型）或DSQS-11（331B型）猎雷声呐和2部PAP104水雷处理系统
艇员编制：46人

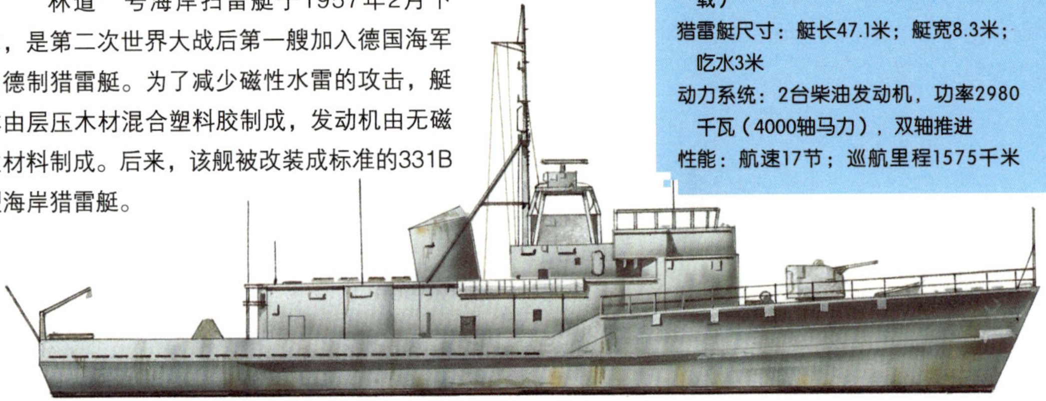

“秃鹰Ⅱ”级远洋扫雷艇

民主德国海军的24艘“秃鹰Ⅱ”级远洋扫雷艇当时具有很强大的战斗力，但其数量在德国统一后显得过多。20世纪90年代中期，有3艘“秃鹰Ⅰ”级扫雷艇仍在海岸警卫队服役，大多数体积更大、战斗力更强的“秃鹰Ⅱ”级扫雷艇被卖给了印度尼西亚。

生产国：德国
排水量：310吨（标准），400吨（满载）
舰艇尺寸：舰长55米；舰宽7米；吃水2米
动力系统：2台柴油发动机，功率2983千瓦（4000轴马力），双轴推进
航速：21节
武器系统：2门或3门双联装25毫米口径防空火炮
电子系统：1部TSR33导航雷达，多部精密无线电和声呐系统
舰员编制：40人

“尤尔卡”级远洋扫雷艇

“尤尔卡”级远洋扫雷艇是20世纪50年代末以来苏联远洋扫雷艇的典型代表，装备了艇体“杜鹿耳”声呐用于探测水雷。

生产国：苏联
排水量：460吨（标准）；540吨（满载）
舰艇尺寸：艇长52.4米；艇宽9.4米；吃水2.6米
动力系统：2台M-503型柴油发动机，功率4000千瓦（5365轴马力），双轴推进
性能：航速17节
武器系统：2门双联装30毫米口径防空火炮，10枚以上水雷
电子系统：1部“顿河2”导航雷达，1部“歪鼓”防空火控雷达，2部“方头”敌我识别装置，1部“高杆-B”敌我识别装置，和1部“杜鹿耳”猎雷声呐
艇员编制：45人

“索尼亚”级海岸扫雷艇

苏联的“索尼亚”级与英国皇家海军的“狩猎”级海岸扫雷艇有很多共同点，活动区域都是沿海区域以及通往主要港口（包括军港以及商港）的水道。木质结构的艇体外面包裹着一层玻璃纤维。

生产国：苏联
排水量：380吨（标准），450吨（满载）
舰艇尺寸：艇长48米；艇宽8.8米；吃水2米
动力系统：2台柴油发动机，功率1790千瓦（2400轴马力），双轴推进
性能：航速15节
武器系统：1座4联装8枚SA-N-5“盘”式防空导弹发射架，1门双联装30毫米口径防空火炮和1门双联装25毫米口径防空火炮
电子系统：1部“顿河2”、“基瓦兹”或“纳达亚”雷达，2部“方头”敌我识别装置，1部“高杆-B”敌我识别装置，1部MG69/79猎雷声呐
艇员编制：43人

“狩猎”级海岸扫雷艇/猎雷艇

英国的“狩猎”级海岸扫雷艇“莱德伯里”号的艇体材料为玻璃钢，它的姊妹艇可以采取3种手段处理水雷：利用小型海岸武装快艇进行常规扫雷；利用音响或磁性扫雷具扫雷；利用声呐猎雷，然后派遣潜水员或小型潜水器对其予以摧毁。

生产国：英国
排水量：615吨（标准），750吨（满载）
舰艇尺寸：艇长60米；艇宽10米；吃水3.4米
动力系统：2台“拉斯顿-帕克斯曼”柴油发动机，功率2834千瓦（3800轴马力），双轴推进
性能：航速17节
武器系统：1门40毫米口径“博福斯”防空火炮和2门20毫米口径火炮
电子系统：1部导航雷达，1部计算机辅助作战情报系统，1部“马蒂尔达”UAR-1电子监视系统，1部193M猎雷声呐，1部“米尔十字”水雷规避声呐，1部2059PAP跟踪声呐，2部PAP104/105水雷处理系统
艇员编制：45人

“阿廖莎”级布雷舰

北约将20世纪60年代末苏联在黑海造船厂建造的3艘布雷舰称为“阿廖莎”级。每艘可以携载和布设300多枚水雷，种类从锚雷到沉底感应水雷都有。

生产国：苏联
排水量：2900吨（标准），3500吨（满载）
舰艇尺寸：舰长97米；舰宽14米；吃水5.4米
动力系统：4台柴油发动机，功率5966千瓦（8000轴马力），双轴推进
性能：航速17节
武器系统：1门4联装57毫米口径防空火炮，300多枚水雷
电子系统：1部“撑曲面”对空搜索雷达，1部“顿河2”导航雷达，1部“皮手笼”57毫米口径火控雷达，1部“高杆-B”敌我识别系统
舰员编制：190人

“复仇者”级水雷对抗舰

美国海军的14艘“复仇者”级水雷对抗舰具有很强大的作战能力，一直持续不断的作战行动使得它们的服役期限不断延长。每艘舰都安装了2部SLQ-48系统以及“霍尼韦尔”遥控小型潜水器，上面配备电缆剪钳和炸药。第一艘“复仇者”号于1987年服役。

生产国：美国
排水量：1312吨（满载）
舰艇尺寸：舰长68.4米；舰宽11.9米；吃水3.7米
动力系统：4台瓦克夏L-1616或（最后9艘）依索达-弗拉斯契尼ID36型柴油发动机，功率1940/1700千瓦（2600/2280轴马力），双轴推进
性能：航速13.5节，巡航里程4625千米（2875英里）/10节
武器系统：2挺0.5英寸（12.7毫米）口径机枪和2部遥控潜水器
电子系统：1部SPS-55对海搜索雷达，1部SPS-73导航雷达，1部SSN-2（V）导航雷达，1部“诺提斯”M型战斗信息系统，和1部SQQ-32（V）3猎雷声呐
舰员编制：81人

“莱茵河”级供应舰

德国的“莱茵河”级供应舰一共13艘，实分为401型、402型和403型。该舰主要活动水域为波罗的海和北海。401型和402型舰船作为潜艇和快速攻击艇分队的供应船，安装了火力装备，使其有可能充当护卫舰或教练舰。

生产国：德国

排水量：（401型）2370吨（标准），3000吨（满载）；（402型）2330吨（标准），2940吨（满载）；（403型）2400吨（标准），2956吨（满载）

舰体尺寸：舰长（401型）98.2米；（402型）98.5米；（403型）98.6米；舰宽11.83米；吃水5.2米

动力系统：6台MTU柴油发动机，功率8490～8940千瓦（11400～12000轴马力），双轴推进

性能：航速20.5节；巡航里程4600千米（2860英里）/16节

武器系统：2门100毫米（3.9英寸）口径两用火炮（不包括“莱茵河”和“莱希河”号），4门单身管（“莱茵河”和“莱希河”号为2门双联装）40毫米口径防空火炮，70多枚水雷

电子系统：1部DA-02对空/对海搜索雷达，2部WM-45火控雷达，1部“凯尔文·休斯”14/9导航雷达，1部艇体声呐

舰员编制：（401型）122人，（402型）99人，（403型）114人

“普尔斯特”级补给油船

荷兰的“普尔斯特”级补给油船不仅可以运输油料，还可以运输淡水和各种干货，通过1个滑动支索运输点和每侧的2个油料补给点输送物资。该舰于1964年服役，1994年卖给巴基斯坦，更名为“冒文”号。

生产国：荷兰

排水量：16836吨或（改进的“普尔斯特”级油船）17357吨（满载）

舰艇尺寸：舰长169.6米或（改进的“普尔斯特”级油船）171.1米；舰宽20.3米；吃水8.2米

动力系统：蒸汽涡轮发动机，功率16405千瓦（22000轴马力）或（改进的“普尔斯特”级油船）柴油发动机，功率15660千瓦（21000轴马力），单轴推进

性能：航速21节

武器系统：2门40毫米口径或（改进的“普尔斯特”级油船）2门20毫米口径防空火炮，深水炸弹

电子系统：1部ZW-04对空搜索雷达，1部“凯尔文·休斯”14/9导航雷达，1部CWE-610船体声呐或（改进的“普尔斯特”级油船）2部“台卡”1226型导航雷达，1部电子监视系统以及2座“乌鸦座”干扰物发射器

舰载飞机：多达5架SH-14“山猫”直升机

船员编制：185人

“威奇塔”级补给油船

“威奇塔”级舰队补给油船由“萨克拉门托”级快速战斗补给舰改进而来，体型较小，造价更低，可以快速为水面作战舰艇补给油料、军需品、限量供应品和舰队物资。除“罗阿诺克”号外，其他所有该级油船均于1969—1976年完工，烟囱侧面没有设置机库，但经过改装，可以搭载2架H-46“海上骑士”直升机进行垂直补给。

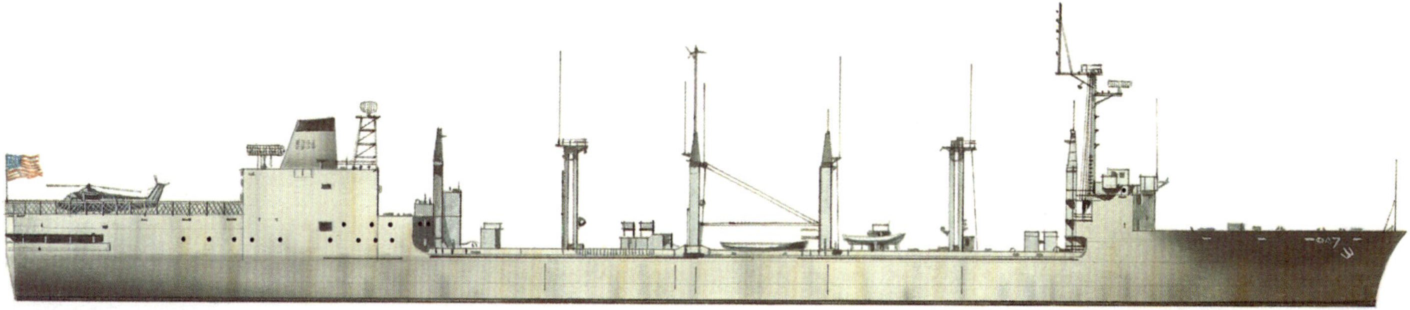

生产国：美国
排水量：12500吨（轻载）［“罗阿诺克”号油船为13000吨（轻载）］，38100吨（满载）
舰艇尺寸：舰长200.9米；舰宽29.3米；吃水10.2米
动力系统：双轴推进，蒸汽涡轮发动机，功率23 862千瓦（32000轴马力）
航速：20节
武器系统：1座Mk 29型八联装“海麻雀”防空导弹发射架以及8枚导弹（不包括“威奇塔”号油船）；2部Mk 15“密集阵”20毫米口径近程防御武器系统
舰载飞机：2架H-46E“海上骑士”垂直补给直升机
电子系统：1部SPS-10F对海搜索雷达，1部SPS-58和（不包括“威奇塔”号油船）1部Mk 23 TAS对空搜索雷达，2部Mk 76型火控雷达（不包括“威奇塔”号油船），1部LN 66导航雷达，1部SLQ-32（V）3电子监视系统，1座Mk 36干扰弹发射器干扰物发射器，1部URN-25或SRN-15塔康导航系统
船员编制：454人

“基拉韦厄”级军火船

“基拉韦厄”级军火船共8艘，全部于1968—1972年开始服役，可以通过船侧或直升机垂直补给向战斗群输送导弹和其他军需品。“基拉韦厄”级军火船上面安装了7套补给设备，4套位于左舷，3套位于右舷。船尾专供直升机活动。图中展示的是该级军火船的首船“基拉韦厄”号。

生产国：美国
排水量：9369～13688吨（轻载）；18088吨（满载）。“基拉韦厄”号和“孤峰”号为17931吨（满载）
舰艇尺寸：舰长171.9米；舰宽24.7米；吃水8.5米
动力系统：蒸汽涡轮发动机，功率16405千瓦（22000轴马力），单轴推进
性能：航速21节
武器系统：“基拉韦厄”号没有安装武器装备，“孤峰”号安装有2门双联装76毫米（3.9英寸）口径防空火炮，“圣巴巴拉”号和“胡德山”号安装有4门双联装3英寸防空火炮，其他军火船安装了2部20毫米口径“密集阵”近战防御武器系统，转为美国海军舰船后所有武器装备都被拆除。
电子系统：1部SPS-10对海搜索雷达，1部卫星通讯系统，1部SLQ-32（V）1电子监视系统，1座Mk36干扰弹发射器干扰物发射器（“基拉韦厄”号军火船除外）
舰载飞机：2架CH/UH-46D“海上骑士”直升机
船员编制：“基拉韦厄”号军火船188人，其他军火船347～353人

“保护者”级舰队补给油船

加拿大海军的“保护者”级舰队补给油船除了可以运输燃油外，还可以运输柴油和航空用油。特殊之处在于它们还携带有4艘车辆人员登陆艇，可以为执行突击任务的50多名突击队员提供住宿。1991年，为了执行波斯湾部署任务，该级油船重新安装了1门76毫米口径火炮、2套“密集阵”近战武器系统和2门“博福斯”火炮，增加了4座“普莱西”干扰物发射器和电子侦察设备。

生产国：加拿大
排水量：8380吨（轻载），24700吨（满载）
舰艇尺寸：舰长171.9米；舰宽23.2米；吃水9.1米
动力系统：蒸汽涡轮发动机，功率15660千瓦（21000轴马力），单轴推进
性能：航速21节，巡航里程13900千米（8640英里）/11.5节
武器系统：2门20毫米口径Mk15“密集阵”近程防御武器系统，见正文
电子系统：1部SPS-502对海搜索雷达，2部“台卡”导航雷达，1部SLQ-504电子监视系统
舰载飞机：3架CH-124A/B“海王”直升机
船员编制：365人加上57名乘客

“纳维加特”级情报收集船

波兰海军拥有2艘现代化的“莫马”级测量船——“海德罗格拉夫”号和“纳维加特”号，最初在波罗的海海域执行情报收集任务，替华约组织监视丹麦、联邦德国、挪威和瑞典海军的演习和海岸装置。2003年，这两艘舰船都驻扎在格丁尼亚。

生产国：波兰
排水量：1260吨（标准）；1677吨（满载）
舰艇尺寸：舰长73.3米；舰宽10.8米；吃水3.9米
动力系统：2台萨尔泽6TD48型柴油发动机，功率2460千瓦（3300轴马力），双轴推进
性能：航速17节
武器系统：2门双联装25毫米口径防空火炮（纳维加特号），和2座四联装发射器，发射“斯特莱拉”-2M（SA-N-5“盘”式）防空导弹
电子系统：2部SRN7453“诺加特”导航雷达，外加电子情报系统和信号情报系统
船员编制：87人

“乌拉”级（1886.2型）潜艇供应舰

苏联的“乌拉”级潜艇供应舰于1963年—1972年建造，是“顿河”级供应舰的放大版，可以为8～12艘潜艇组成的小型舰队提供所需的基地设施。有2艘该级供应舰充当教练舰。

生产国：苏联
排水量：6750吨（标准）和9650吨（满载）
舰艇尺寸：舰长141米；舰宽17.6米；吃水7米
动力系统：柴油电动机，功率5965.6千瓦（8000轴马力），双轴推进
航速：17节
武器系统：2座4联装“箭”2M式（SA-N-5“盘”式）防空导弹发射架，可发射16枚导弹；4门双联装57毫米口径防空火炮
舰载飞机：“伊万·科里什金”号拥有一个卡-25PS“荷尔蒙-C”轻型直升机棚，其他舰船拥有一个直升机起降台，可以停放一架直升机
电子系统：2部“顿河-2”导航雷达，1部“撑曲面”对空/对海搜索雷达，2部“皮手笼”火炮火控雷达，2部“警犬”电子对抗系统，1部“高杆-B”敌我识别装置，2部“方头”敌我识别装置
舰员编制：245人

“皮里莫尔耶”级情报搜集船

截至2003年，原来的6艘“皮里莫尔耶”级（394B型）情报搜集船只剩下“卡夫卡兹”号和“克里木”号等2艘舰船，隶属于黑海舰队，驻扎在克里米亚半岛的塞瓦斯托波尔港。冷战期间，该级舰船定期监视北约海军演习以及美国的航天活动和导弹试验，获取电子和图片情报。

生产国：苏联
排水量：2600吨（标准）；3700吨（满载）
舰艇尺寸：舰长84.7米；舰宽14米；吃水7米
动力系统：2台柴油发动机，功率3000千瓦（4025轴马力），双轴推进
性能：航速12节；续航力18500千米（11495英里）/10节
武器系统：1座或2座四联装发射器，发射8枚或16枚“斯特莱拉”-2M（SA-N-5“盘”式）防空导弹以及机枪和轻武器
电子系统：2部“纳达亚”对海搜索雷达，2部“顿河礁”导航雷达，各种电子情报系统和信号情报系统，1个实时情报分析中心
船员编制：120人

“巴尔扎姆”级情报搜集船

20世纪80年代，共有4艘“巴尔扎姆”级情报搜集船在苏联海军服役，它们被定级为通信舰，是当时世界上装备最精良的情报搜集船。

生产国：苏联

排水量：4000吨（标准）；4500吨（满载）

舰艇尺寸：舰长105米；舰宽15.5米；吃水5米

动力系统：2台柴油发动机，功率13400千瓦（17970轴马力），双轴推进

性能：航速20节

巡航里程：13000千米（8080英里）/16节

武器系统：2座四联装发射器，发射“斯特莱拉”-2M（SA-N-5“盘”式）防空导弹，1门30毫米口径AK-630近程防御武器系统

电子系统：单装“棕榈叶”和“顿河礁”对海搜索和导航雷达，电子情报系统和信号情报系统，2部卫星发射和接收系统，情报分析中心，和“羔羊尾藤”/“鼠尾”可变深度声呐

船员编制：200人

“亨利·庞加莱”级导弹靶场观测船

“亨利·庞加莱”号是法国海军M部队的旗舰，负责监控法国中程弹道导弹和潜射弹道导弹战略导弹测试，以便决定制导精度和弹头特征之类的参数。M部队是法国海军试验与测量部队。

生产国：法国
排水量：19500吨（标准）；24000吨（满载）
舰艇尺寸：舰长180米；舰宽22.2米；吃水9.4米
动力系统：1台齿轮传动的蒸汽轮机，功率7457千瓦（10000轴马力），单轴推进
性能：航速15节
电子系统：导航雷达以及正文中所提到的装备
舰载飞机：2架SA321“超级大黄蜂”或多达5架“云雀Ⅲ”直升机
船员编制：223人

“夕张”级导弹护卫舰

日本的“夕张”级比先前的“筑后”级护卫舰小，但装备有高度的自动化设备，舰员人数控制在100人以内。这些战舰设计用来在岸基空中力量的掩护下进行作战，并具备一定的防空能力。必要情况下，该级战舰还能够改进20毫米口径的“密集阵”近战武器系统。

生产国：日本

排水量：标准排水量1470吨，满载排水量1690吨

舰艇尺寸：舰长91米；舰宽10.8米；吃水深度3.6米

动力系统：柴油机和燃气涡轮机组合。1台川崎/罗尔斯·罗伊斯公司生产的“奥林巴斯”TM3B燃气涡轮机，输出功率为21170千瓦（28390轴马力）；1台“三菱”6DRV柴油机，输出功率为3470千瓦（4650轴马力），双轴推进

航速：25节

武器系统：2座四联装导弹发射装置，配备8枚“鱼叉”反舰导弹，1门76毫米（3英寸）口径“奥托·梅莱拉”小型火炮，预备了1套20毫米口径“密集阵”近战武器系统，1座375毫米（14.76英寸）口径“博福斯”四联装反潜火箭发射装置，2具三联装324毫米（12.75英寸）口径68型反潜鱼雷发射管，配备Mk46轻型反潜鱼雷

电子系统：1部OPS28对海搜索雷达，1部OPS19导航雷达，1部GFCS1炮瞄雷达，1套NOLQ6电子监视系统，1座OLT3电子对抗措施干扰发射台，2座Mk36SRBOC干扰物发射装置，1部OQS1型舰体声呐

舰载机：无

人员编制：98人

“特隆姆普”级导弹护卫舰

“特隆姆普”号和“德·鲁伊特尔”号导弹护卫舰取代2艘巡洋舰在荷兰皇家海军服役，它们是一种舰体最大、战斗力最强的护卫舰，装备“鱼叉”、“标准”和“海麻雀”导弹。

生产国：英国

排水量：标准排水量3665吨，满载排水量4308吨

舰艇尺寸：舰长138.4米；舰宽14.8米；吃水深度4.6米

动力系统：2台罗尔斯·罗伊斯公司生产的“奥林巴斯”TM313燃气涡轮机，输出功率37285千瓦（50000轴马力）；2台罗尔斯·罗伊斯公司生产的“泰恩”RM1C型燃气涡轮机，输出功率为6115千瓦（8200轴马力），双轴推进

航速：28节

武器系统：2座四联装导弹发射装置，配备8枚“鱼叉”反舰导弹；1座Mk13“标准”单轨导弹发射装置，配备40枚SM-1MR防空导弹；1座Mk29八联装导弹发射装置，配备60枚北约“海麻雀”防空导弹，1门双联装120毫米口径（4.72英寸）“博福斯”火炮，1套30毫米口径“守门员”近战武器系统设备，2门20毫米口径“厄利空”防空火炮；2具324毫米（12.75英寸）口径Mk32三联鱼雷发射管，配备Mk46型反潜鱼雷

电子系统：1部SPS-013D雷达，2部ZW-05对海搜索雷达，1部“台卡”1226导航雷达，1部WM-25火控雷达，2部SPG-51C防空导弹射击指挥雷达，1套“西沃科Ⅰ”数据信息系统，1套“天蛾”电子监视系统，2座“乌鸦座”干扰物发射装置，1部162型舰体声呐，1部CWE610舰体声呐

舰载机：1架SH-14B/C型“大山猫”反潜直升机

人员编制：306人

“奥斯陆”级导弹护卫舰

挪威在1995年—1996年期间把“奥斯陆”级护卫舰的排水量增加了200吨，并且安装了1部可变深度声呐。“奥斯陆”号是第一艘“奥斯陆”级护卫舰。1994年，该舰因1台发动机出现故障而搁浅，在拖航途中在卑尔根港以南海域沉没。

生产国：挪威
排水量：标准排水量1650吨，满载排水量1950吨
舰艇尺寸：舰长96.6米；舰宽11.2米；吃水深度4.4米
动力系统：齿轮传动蒸汽涡轮机，输出功率为14915千瓦（20000轴马力），单轴推进
航速：航速25节，航程8350千米（5190英里）/15节
武器系统：4座集装箱式导弹发射装置，配备“企鹅”Mk1反舰导弹；1座Mk29八联装导弹发射装置，配备24枚RIM-7M“海麻雀”防空导弹；1门双联76毫米口径（3英寸）Mk33型火炮，1门40毫米口径“博福斯”防空火炮，1座六联装“特尔尼”Ⅲ型反潜火箭发射装置；2具三联装324毫米口径（12.75英寸）Mk32鱼雷发射管，配备“黄貂鱼”反潜鱼雷。这些战舰还具备布雷能力
电子系统：1部AWS-9型对空搜索雷达，1部TM1226对海搜索雷达，1部“台卡”导航雷达，1部9LV218Mk2和1部Mk95火控雷达，1套MSI-3100战斗信息系统，1套阿果公司AR700电子监视系统，2座干扰物发射装置，1部TSM2633舰体组合声呐，1部可变深度声呐，1部“特尔尼”Ⅲ型主动攻击声呐
舰载机：无
人员编制：125人

“别佳”级护卫舰

苏联海军用于近海防御的护卫舰“别佳”级，诞生于20世纪60—70年代。别佳级Ⅰ型护卫舰共建造了20艘。

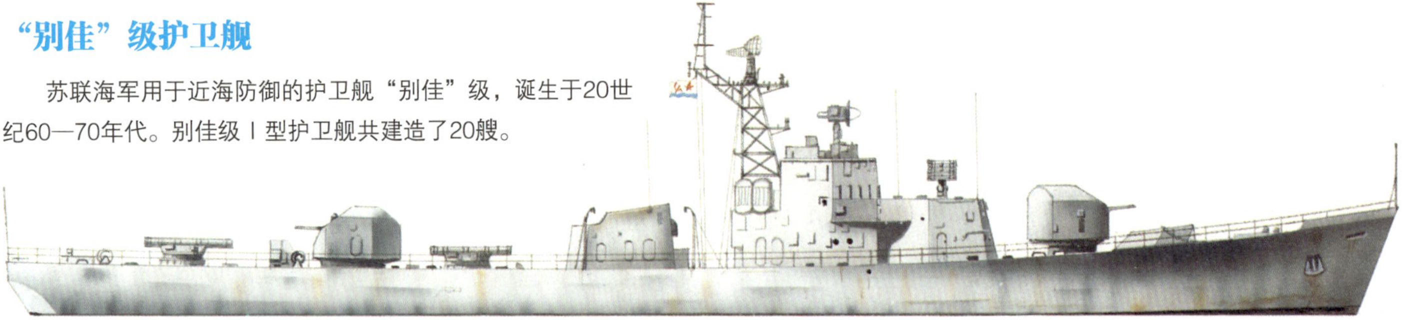

生产国：苏联
排水量：标准排水量950吨，满载排水量1150吨
舰艇尺寸：舰长81.8米；舰宽9.1米；吃水深度2.9米
动力系统：1台柴油机，输出功率4000千瓦（5365轴马力）；2台燃气涡轮机，输出功率为22370千瓦（30000轴马力），三轴推进
航速：航速32节，航程5590英里（9000千米）/10节
武器系统：2门双联装76毫米（3英寸）火炮[“别佳Ⅰ（改型）”级拖曳式阵列教练舰装备1门]；4座16管RBU2500型250毫米（9.84英寸）口径反潜火箭发射装置，配备320枚火箭
电子系统：1部“细网”或者“支柱线”对空搜索雷达，1部“枭鸣”炮瞄雷达，1部“顿河2号”导航雷达，1部“高杆B”敌我识别系统（仅“别佳Ⅰ”级护卫舰上装备），2部“方结”敌我识别系统，2套“监控器”电子对抗系统，1部舰体安装的声呐，1部深水声呐（投吊式声呐），（某些战舰上装备）1部可变深度声呐
舰载机：无
人员编制：98人

“维林根”级导弹护卫舰

“维林根”级护卫舰上层建筑较低、烟囱较大，这是第二次世界大战后比利时自主设计和建造的第一批战舰。战舰火力系统包括1门100毫米（3.9英寸）口径火炮，但削减了原计划装备的30 毫米口径“守门员”近战武器系统。

“里加”级护卫舰

如今，“里加”级护卫舰已经退役了。但是在20世纪80年代，还有相当多的战舰在苏联海军作为教练舰执行辅助性的军事任务。

生产国：苏联

排水量：标准排水量1260吨，满载排水量1510吨

舰艇尺寸：舰长91.5米；舰宽10.1米；吃水深度3.2米

动力系统：齿轮传动蒸汽轮机，输出功率为14900千瓦（19985轴马力）；双轴推进

航速：航速28节，航程3700千米（2300英里）/13节

武器系统：3门100毫米（3.9英寸）口径火炮；2门双联装37毫米口径防空火炮；（一些战舰上装备）2门双联25毫米口径防空火炮；2座16管IRBU2500型250毫米（9.8英寸）口径火箭发射装置，配备160枚反潜火箭；两个炸弹挂架用于装24枚深水炸弹，1具双联或三联533毫米（21英寸）口径鱼雷发射管，配备反舰鱼雷；28枚水雷

电子系统：1部“细网”对空搜索雷达，1部“遮阳板B”，1部“黄蜂头”火控雷达，1部“顿河2”或1部“海王星”导航雷达，一套“高杆B”敌我识别系统，2套“方结”敌我识别系统，2套“监控器”电子对抗系统，1部高频舰体声呐

舰载机：无

人员编制：175人

生产国：比利时

排水量：标准排水量1880吨，满载排水量2430吨

舰艇尺寸：舰长106.4米；舰宽12.3米；吃水深度5.6米

动力系统：1台罗尔斯·罗伊斯公司“奥林巴斯”TM3B燃气涡轮机，输出功率为20880千瓦（28000轴马力）；2台柯克里尔公司240CO型柴油机，输出功率为4474千瓦（6000轴马力），双轴推进

航速：航速26节，航程8350千米（5190英里）/18节

武器系统：2座双联导弹发射装置，配备4枚MM.38“飞鱼”反舰导弹；1座Mk29八联导弹发射装置，配备8枚R I M-7P“海麻雀”防空导弹；1门100毫米（3.9英寸）口径克勒索·卢瓦尔工业公司的Mod68火炮；1座375毫米口径（14.76英寸）克勒索·卢瓦尔工业公司制造的六联装火箭发射装置，发射“博福斯”反潜火箭；2具533毫米（21英寸）口径鱼雷发射管，配备10枚ECANL5反潜鱼雷

电子系统：1部DA05对空和对海搜索雷达，1部WM25火控雷达，1部Vigy105光电指挥仪，1部“侦察”导航雷达，1部“西沃科Ⅳ”SEWACOⅣ战术数据系统，1套阿哥斯公司研制的AR900电子监视系统，2座Mk36型干扰物发射器，1套SLQ-25“水精”反潜诱骗系统，1部SQS-510舰体搜索/攻击声呐

人员编制：159人（13名军官）

“格里莎”级小型护卫舰

“格里莎Ⅱ”级护卫舰仅供原苏联国家安全委员会（克格勃）海上边境管理局使用，但现在已全部退役。共建成2艘“格里莎Ⅲ”级护卫舰被划归立陶宛，1艘“格里莎Ⅴ”级和1艘“格里莎Ⅲ”级和2艘“格里莎Ⅱ”级护卫舰被划归乌克兰。“格里莎”级的官方命名为1124型“信天翁”级小型护卫舰。仅建造出一艘“格里莎Ⅳ”级护卫舰用于试验SA-N-9型防空导弹系统。

生产国：苏联

排水量：标准排水量950吨，满载排水量1200吨

舰艇尺寸：舰长71.2米；舰宽9.8米；吃水深度3.7米

动力系统：1台燃气轮机，输出功率为11185千瓦（15000轴马力）；2台柴油机，输出功率为11930千瓦（16000轴马力），双轴推进

航速：航速30节，航程4600千米（2860英里）/14节

武器系统：1部双联导弹发射装置，配备20枚“奥莎M”防空导弹（北约代号SA-N-4“壁虎”），1门双联57毫米口径火炮或者1门76毫米口径（3英寸）火炮（“格里莎Ⅴ”级战舰上装备），1套30毫米口径近战武器系统装置（“格里莎Ⅲ”级和“格里莎Ⅴ”级战舰上装备）；2座（“格里莎Ⅴ”级战舰上装备）或者1座12管RBU6000250毫米（9.8英寸）口径火箭发射装置；配备120枚反潜火箭；2具双联装533毫米（21英寸）口径鱼雷发射管，发射反潜鱼雷；两条导轨用于发射12枚深水炸弹，根据各个型号的战舰还可装备20枚到30枚水雷

电子系统：1部“曲线支柱”或者1部“双支柱”或者1部“半板”对空搜索雷达，1部“气枪群”防空导弹射击指挥雷达，1部“笨海鸥”或者1部“椴木棰”炮瞄雷达，2套“监控器”电子对抗系统，1部“高杆B”敌我识别系统，1部“公牛鼻”高频/中频舰体声呐，1部“麋鹿尾”高频可变深度声呐

舰载机：无

人员编制：60～70人

“米尔卡”级轻型护卫舰

诞生于20世纪60年代的苏联“米尔卡”级护卫舰，共建造了18艘，分属于Ⅰ型、Ⅱ型。所有9艘“米尔卡Ⅱ”级护卫舰在建成后配备了1套新型深水声呐，替代了舰尾左舷的深水炸弹投掷器，以提高这些战舰在地中海和波罗的海的反潜能力。

生产国：苏联

排水量：标准排水量950吨，满载排水量1150吨

舰艇尺寸：舰长82.4米；舰宽9.1米；吃水深度3米

动力系统：2台柴油机，输出功率为4470千瓦（5995轴马力）；2台燃气涡轮机，输出功率为23100千瓦（30980轴马力），双轴推进

航速：航速35节，航程4600千米（2860英里）/20节

武器系统：2门双联装76毫米（3英寸）口径火炮；4座（“米尔卡Ⅰ”级）或者2座（“米尔卡Ⅱ”级）250毫米（9.84英寸）口径RBU6000型12管反潜火箭发射装置，配备240枚或者120枚火箭；1具（“米尔卡Ⅰ”级）或者2具（“米尔卡Ⅱ”级）533毫米（21英寸）口径五联装鱼雷发射管，配备5枚或者10枚反潜鱼雷

电子系统：1部“细网”或者（仅在一些“米尔卡Ⅱ”级护卫舰上装备）1部“支柱线”对空搜索雷达，1部“枭鸣”炮瞄雷达，1部“顿河2号”导航雷达，2部“高杆B”敌我识别系统，2部“方结”敌我识别系统，2套“监控器”电子对抗系统，1部舰体声呐，1部深水声呐

舰载机：无

人员编制：98人

“科尼”级护卫舰/导弹护卫舰

苏联建造的“科尼Ⅰ型”级护卫舰主要用于出口。“科尼Ⅱ型”护卫舰与“科尼Ⅰ型”不同之处在于装备了一个附加的上层建筑，用来安装空调系统，以便在热带地区使用。

生产国：苏联

排水量：标准排水量1440吨，满载排水量1900吨

舰艇尺寸：舰长96.4米；舰宽12.6米；吃水深度3.5米

动力系统：2台柴油机，输出功率为11400千瓦（15290轴马力）；1台燃气涡轮机，输出功率为13420千瓦（18000轴马力），三轴推进

航速：航速27节，航程2500千米（1555英里）/14节

武器系统：1座双联导弹发射装置，配备20枚“奥莎M”（SA-N-4“壁虎”）防空导弹；2门双联76毫米口径（3英寸）火炮；2门双联装30毫米口径防空火炮；2座250毫米（9.84英寸）口径RBU6000型12管反潜火箭发射装置，配备120枚火箭；2座炸弹架，挂载24枚深水炸弹；此外，各型战舰分别装备20枚到30枚水雷

电子系统：1部“支柱线”对空搜索雷达，1部“气枪群”防空导弹射击指挥雷达，1部“枭鸣”炮瞄雷达，1部“歪鼓”30毫米口径火炮的火控雷达，1部“高杆B”敌我识别系统，2套“监控器”电子对抗系统，1部舰体声呐

舰载机：无

人员编制：120人

“纳努契卡”级小型导弹护卫舰

“纳努契卡Ⅰ”级小型护卫舰装备SS-N-9型反舰导弹作为主要的武器装备。唯一一艘“纳努契卡Ⅳ”级护卫舰作为“红宝石”反舰导弹（北约代号SS-N-26型）的试验舰，该型导弹通过风二座六联装导弹发射装置进行发射。2003年，俄罗斯海军尚有12艘“纳努契卡Ⅲ”级小型护卫舰在役。

生产国：苏联
排水量：标准排水量560吨，满载排水量660吨
舰艇尺寸：舰长59.3米；舰宽11.8米；吃水深度2.6米
动力系统：6台M-504柴油机，总输出功率为19470千瓦（26115轴马力），三轴推进
航速：航速33节，航程4000千米（2485英里）/12节
武器系统：2座三联装导弹发射装置，配备“孔雀石”（北约代号SS-N-9“海妖”）反舰导弹；1座双联防空导弹发射装置，配备20枚“奥莎M”（北约代号SA-N-4“壁虎”）防空导弹；1门双联装57毫米口径防空火炮或者（仅在“纳努契卡Ⅲ”级战舰上装备）1门76毫米口径（3英寸）火炮；1座30毫米口径AK-630型近战武器系统
电子系统：1部“果皮派”或者“板片”搜索雷达，1部“气枪群”，1部“低音帐篷”防空导弹射击指挥雷达和炮瞄雷达，1部“纳耶达”导航雷达，1套“高杆”、“方结”、“柱粉”以及“盐罐A/B”敌我识别系统，1套“足球”以及“半帽A/B”电子监视系统，4座PK10型干扰物发射装置
舰载机：无
人员编制：42人

“利安德”级多用途护卫舰

英国皇家海军“仙女座”号是5艘宽舰体型“利安德”级护卫舰中的第一艘，配备了“海狼”和“飞鱼”导弹，于1980年重新服役。改装之后，“仙女座”号和另外4艘“利安德”3型战舰成为“利安德”级战舰中最强大的战舰。然而，由于英国削减国防预算，原计划进行改进的另外5艘3型战舰的计划被取消了。

生产国：英国

排水量：标准排水量2500吨，后来为2790吨；满载排水量2962吨，后来为3300吨

舰艇尺寸：舰长113.4米；舰宽13.1米；吃水深度4.5米

动力系统：2台齿轮传动蒸汽轮机，输出功率为22370千瓦（30000轴马力），双轴推进

航速：航速27节，续航力7400千米（4600英里）/15节

武器系统：4座MM.38型“飞鱼”反舰导弹发射装置；1座六联状GWS.25防空导弹发射装置，配备30枚“海狼”防空导弹；2门20毫米口径防空火炮；2具三联装324毫米（12.75英寸）口径STWS-1型鱼雷发射管，配备Mk46和“黄貂鱼”反潜鱼雷

电子系统：1部967/978型对空/对海搜索雷达，1部910型防空导弹控制雷达和1部1006型导航雷达，1套CAAIS（计算机辅助战斗情报系统）战斗数据系统，1套UAA-1电子监视系统系统，2座“乌鸦座”干扰物发射装置，1部2016型舰体声呐，1部2008型水下电话

舰载机：1架“大山猫”HAS.Mk2反潜直升机

人员编制：260人

“佩刀”级导弹护卫舰（第一批）

英国的“佩刀”级3型护卫舰具有非常强大的作战能力，满载排水量为4800吨，舰长148.1米（485英尺10英尺），具备非常有效的防空、反舰和反潜能力。

生产国：英国

排水量：标准排水量3500吨，满载排水量4400吨

舰艇尺寸：舰长131.06米；舰宽14.78米；吃水深度6.05米

动力系统：2台罗尔斯·罗伊斯公司制造的“奥林巴斯”TM3B燃气涡轮机，输出功率为40710千瓦（54600轴马力）；2台“泰恩”RM1A型燃气涡轮机，输出功率为7230千瓦（9700轴马力），双轴推进

航速：航速29节，航程8335千米（5180英里）/18节

武器系统：4座集装箱式导弹发射装置，配备4枚MM.38型“飞鱼”反舰导弹；2座GWS25六联导弹发射装置，配备60枚“海狼”防空导弹；2门40毫米口径或者30毫米口径防空火炮；2门20毫米口径防空火炮；以及（“光辉”号和“黄铜”号战舰上装备）2具三联装324毫米（12.75英寸）口径STWS（潜艇战术武器系统）Mk1鱼雷发射管，配备Mk46型和“黄貂鱼”反潜鱼雷

电子系统：1部967/968型对空/对海搜索雷达，2部910型“海狼”导弹射击指挥雷达，1部1006型导航雷达，1套CAAIS（计算机辅助战斗情报系统）战斗数据系统，1套UAA-1电子监视系统，2座“乌鸦座”干扰物发射装置，2座Mk36SRBOC（速散离舰干扰系统）干扰物发射装置，1部2016型舰体声呐，1部2008型水下电话

舰载机：1架或2架“大山猫”HAS.Mk2/3型或者HMA.Mk8型反潜/反舰直升机

人员编制：正常编制人数223人，最大编制人数248人

“诺克斯”级护卫舰

美国海军“诺克斯”号战舰（FF-1052）是第一艘“诺克斯”级护卫舰。“诺克斯”级护卫舰从先前的“加西亚”级和“布鲁克”级改进而成，后来加装了“鱼叉”反舰导弹和20毫米口径“密集阵”近战武器系统，其中，近战武器系统是对抗掠海飞行反舰导弹的最后一道防线。

生产国：美国

排水量：标准排水量3011吨，满载排水量3877吨（第一批26艘舰）或者4250吨（后面的20艘舰）

舰艇尺寸：舰长133.5米；舰宽14.3米；吃水深度4.6米

动力系统：齿轮传动蒸汽轮机，输出功率为26100千瓦（35000轴马力），单轴推进

航速：航速27节，续航力8335千米（5180英里）/20节

武器系统：1门127毫米（5英寸）口径Mk42型火炮；1座20毫米口径Mk15“密集阵”近战武器系统替代了1座八联装导弹发射装置（该导弹发射装置配备8枚RIM-7“海麻雀”防空导弹）；1座八联装Mk16“阿斯罗克”反潜火箭发射装置，配备12枚RUR-5A反潜火箭和4枚“鱼叉”反舰导弹；2具双联装12.75英寸（324毫米）口径Mk32型鱼雷发射管，配备22枚Mk46型反潜鱼雷

电子系统：1部SPS-40B型对空搜索雷达，1部SPS-10型对海搜索雷达，1部SPG-53型火控雷达，1部LN66型导航雷达，1套反潜战术数据系统，1套SRN-15“塔康”战术空中导航系统，1部SQS-26舰首声呐，1部SQS-35可变深度声呐（34艘战舰装备），后来的所有战舰均装备了1部SQR-18A拖曳式阵列声呐

舰载机：1架SH-2F型“海妖”直升机

人员编制：283人

“代斯蒂安那·多尔夫”级导弹护卫舰

所有的“代斯蒂安那·多尔夫”级战舰均具有发射“飞鱼”导弹的能力。目前尚有9艘正在法国服役，其余各艘分别卖给了阿根廷（3艘，称为“德鲁蒙德”级）和土耳其（6艘，称为“布鲁克”级）。

生产国：法国

排水量：标准排水量1175吨，满载排水量1250吨（后来的战舰满载排水量为1330吨）

舰艇尺寸：舰长80米；舰宽10.3米；吃水深度5.3米

动力系统：2台皮尔斯蒂克公司制造的12PC2V400型柴油机，输出功率为8205千瓦（11000轴马力），双轴推进［F791号装备2台皮尔斯蒂克公司制造的12PA6280BTC型柴油机输出功率为10740千瓦（14400轴马力）］

航速：航速23.5节，航程8350千米（5190英里）/15节

武器系统：（F781号、F783号、F786号和F787号上装备）2座单联装导弹发射装置，配备MM.38“飞鱼”舰对舰导弹；或者（F792～F797号上装备）4座单联导弹发射装置，配备MM.40型“飞鱼”舰对舰导弹；1座“希姆巴德”双联装导弹发射装置，配备“西北风”近程防空导弹；1门100毫米（3.9英寸）口径火炮；2门20毫米口径防空火炮；1座375毫米口径（14.76英寸）克勒索·卢瓦尔工业公司研制的Mk54型六联装火箭发射装置，配备反潜火箭（F789～F791号战舰上装备）；4具鱼雷发射管，配备4枚L3型或者L5型鱼雷

电子系统：1部DRBV51A对空/对海搜索雷达，1部DRBC32E炮瞄雷达，1部DRBN32导航雷达，1套“织女星”火控系统，1部“熊猫”光电指挥仪，1套ARBR16电子监视系统，2座“达盖”诱饵发射装置，1部DUBA25舰体声呐

人员编制：连同海军陆战队员共108人

“不莱梅”级护卫舰（或称122型护卫舰）

德国的“不莱梅”级以荷兰的“科顿艾尔”级战舰的设计为基础，包括8艘多功能护卫舰。这些战舰的舰桥前部装备有1门76毫米（3英寸）口径火炮和1座“海麻雀”中程防空导弹发射装置，舰桥后部装备有2座“鱼叉”反舰导弹发射装置，舰尾搭载2架直升机，并装备有2座“拉姆”地防空导弹发射装置。

生产国：德国

排水量：标准排水量2900吨，满载排水量3680吨

舰艇尺寸：舰长130米；舰宽14.5米；吃水深度6.5米

动力系统：2台通用电气公司LM2500燃气涡轮机，总输出功率为38478千瓦（51600轴马力），和2台MTU20VTB92型柴油机，总输出功率为7755千瓦（10400轴马力），双轴推进

航速：航速30节，续航力7400千米（4600英里）/18节

武器系统：2座四联装导弹发射装置，配备8枚“鱼叉”反舰导弹；1座Mk29八联导弹发射装置，配备16枚RIM-7M“海麻雀”防空导弹；2座21个发射单元的导弹发射装置，配备“拉姆”防空导弹；1门76毫米（3英寸）口径火炮；2具双联装Mk32型324毫米（12.75英寸）口径鱼雷发射管，配备Mk46型（后来是Mu90型）反潜鱼雷

电子系统：1部TRS-3D/32对空/对海搜索雷达，1部3RM20型导航雷达，1部WM-25/STIR雷达火控系统，1部WBA光电指挥仪，1套SATIR战术数据系统，1套FL1800S-Ⅱ电子监视系统/电子对抗系统，4座Mk36SRBOC诱饵发射装置，1部SLQ-25“水精”拖曳式鱼雷诱饵，1部DSQS-21BZBO舰首安装的有源声呐

舰载机：2架“大山猫”Mk88/88A型反潜直升机

人员编制：219人

“埃斯波拉”级（MEKO140型）导弹护卫舰

“梅科140型”战舰（即“埃斯波拉”级）基本上是由“梅科360”型驱逐舰按照一定比例缩小出来的战舰，属于一种轻型护卫舰，非常适合执行反舰/反潜任务。第一批3艘“埃斯波拉”级护卫舰在建造时仅装备一个操作直升机的飞行平台（后来将平台加大，能够搭载1架AS555型“非洲狐”直升机），而后一批3艘战舰在建造时装备了1座伸缩式机库，这种机库也加装到先前的3艘战舰上。这些战舰的舰尾火炮装置的是1门“布雷达”火炮和2门40毫米口径“博福斯”式火炮。此外，在舰桥前部的76毫米（3英寸）口径“奥托·梅莱拉”火炮的后上方也将安装1套此类火炮装置。

生产国：德国
排水量：标准排水量1470吨，满载排水量1700吨
舰艇尺寸：舰长91.2米；舰宽11.1米；吃水深度3.4米
动力系统：2台“皮尔斯蒂克”柴油机，输出功率为15200千瓦（20385轴马力），双轴推进
航速：航速27节，续航力7400千米（4600英里）/18节
武器系统：4座集装箱式MM.38“飞鱼”反舰导弹发射装置；1门76毫米（3英寸）口径火炮和2门双联装40毫米口径防空火炮；2具三联装324毫米口径（12.75英寸）ILAS3鱼雷发射管，配备12枚“怀特黑德”A244/S反潜鱼雷
电子系统：1部DA-05型对空/对海搜索雷达，1部TM1226型导航雷达，1套WM-22/41火控系统，1套“西沃科”作战信息系统，1套RQN-3B/TQN-2X电子监视系统/电子对抗系统，1部ASO-4舰体安装的搜索/攻击声呐
舰载机：1架SA319B型“云雀Ⅲ”直升机或者AS555型“非洲狐”直升机
人员编制：93人

“西北风”级导弹护卫舰

法国的“西北风”级护卫舰的航速比同时代大部分西方国家的护卫舰要快（但比“路波”级航速慢），该级战舰全面装备了现代化的反潜技术设备，其中包括1部舰体声呐和1部拖曳式可变深度声呐。还一些声呐系统已经得到改进。“西北风”级护卫舰分别是：“西北风”号、“格雷卡尔风”号、“西南风”号、“热风”号、“阿里瑟奥”号、“欧洲”号、“埃斯佩罗”号和“泽费罗”号。

生产国：法国

排水量：标准排水量2500吨，满载排水量3200吨

舰艇尺寸：舰长122.7米；舰宽12.9米；吃水深度4.6米

动力系统：2台LM2500型燃气涡轮机，总输出功率为37285千瓦（50000轴马力）；2台GMT公司柴油机，总输出功率为9395.8千瓦（12600轴马力）；双轴推进

航速：32节

武器系统：4座单联“特瑟奥”导弹发射装置，配备4枚“奥托马特”Mk2型舰舰导弹；1座八联装“信天翁”导弹发射装置，配备16枚“蝮蛇”防空导弹；1门127毫米（5英寸）口径火炮；2门双联40毫米口径“布雷达”防空火炮；2具单联533毫米口径（21英寸）B516型鱼雷发射管，配备A184型两用鱼雷；2具三联324毫米（12.75英寸）口径Mk32鱼雷发射管，配备Mk46反潜鱼雷

舰载机：2架AB212型反潜直升机

电子系统：1部RAN10S型对空、对海搜索雷达，1部SPS-702型对海搜索雷达，1部RTN30X型防空导弹射击指挥雷达，2部RTN20X型炮瞄雷达，1部SPN-703型导航雷达，1套IPN20型战斗数据系统，1套SLR-4和SLQ-D型主动和被动式电子监视系统，2座“达盖”和2座“斯科拉尔”20管干扰物发射器，1部DE1164型舰体安装的可变深度声呐，1部SLQ-25“水精”拖曳式鱼雷诱饵

人员编制：232人

“奥利弗·哈泽德·佩里”级导弹护卫舰

虽然“奥利弗·哈泽德·佩里”级导弹护卫舰遭到众多非议，但后来证明它们无论在稳定地增加排水量还是在提高装备、增加人员编制方面都非常成功。在服役过程中，这些战舰也显示出非常强大的攻击能力。本图中是该级战舰的首舰。

生产国：美国

排水量：标准排水量2769吨，满载排水量3638～4100吨

舰艇尺寸：搭载“兰普斯”Ⅰ型直升机的战舰舰长为135.6米；搭载“兰普斯”Ⅲ型直升机的战舰舰长为138.1米；舰宽13.7米；吃水深度4.5米

动力系统：2台通用电气公司制造的LM2500型燃气涡轮机，输出功率为29830千瓦（40000轴马力），单轴推进

航速：航速29节，航程8370千米（5200英里）/20节

武器系统：1座Mk13型单轨导弹发射装置，配备36枚“标准”SM-1MR舰对空导弹和4枚“鱼叉”反舰导弹；1门76毫米（3英寸）口径Mk75火炮；1套20毫米口径Mk15“密集阵”近战武器系统；2具三联装12.75英寸（324毫米）Mk32型反潜鱼雷发射管，配备24枚Mk46或者Mk50型反潜鱼雷

电子系统：1部SPS-49（V）4或5型对空搜索雷达，1部SPS-55对海搜索雷达，1部STIR火控雷达，1套Mk92火控系统，1套URN-25“塔康”战术导航系统，1套SLQ-32（V）2电子监视系统系统，2座Mk36“斯罗克”6管干扰物发射器，1部SQS-56型舰体声呐，以及（从“安德伍德”号开始装备）1部SQR-19拖曳式阵列声呐

舰载机：2架SH-2F“海妖”“兰普斯Ⅰ”直升机或SH-60B型“海鹰”“兰普斯”Ⅲ直升机

人员编制：176～200人

“阿基莫塔”级快速攻击艇

加纳海军的PB57型巡逻艇“阿基莫塔”号是发展中国家使用的一艘具有先进艇体却采用低动力系统的典型战舰。该艇的武器系统和传感器性能有限，可以执行渔业保护、短距离巡逻等任务。

生产国：德国
排水量：满载排水量389吨
舰艇尺寸：艇长58.1米；艇宽7.6米；吃水深度2.8米
动力系统：3台MTU16V538TB91型柴油机，输出功率为6870千瓦（9215轴马力），三轴推进
航速：航速30节，续航力9600千米（5965英里）/12节，6100千米（3790英里）/16节
武器系统：1门76毫米（3英寸）口径“奥托·梅莱拉”小型火炮和1门40毫米口径“博福斯”防空火炮
电子系统：1部“康能普视A”对海搜索雷达和1部火控雷达，1部TM1226C导航雷达，1部LIOD光电指挥仪
人员编制：55人

“麦纳麦”级轻型导弹护卫艇

巴林海军的2艘“麦纳麦”级小型导弹护卫艇在相对较小的艇体中装备了大量功能强大的设备。由于动力有限，导致航速一般，但航程较远。

生产国：德国

排水量：满载排水量632吨

舰艇尺寸：艇长63米；艇宽9.3米；吃水深度2.9米

动力系统：4台MTU20V538TB92型柴油机，输出功率为9560千瓦（12820轴马力），4轴推进

航速：航速32节，续航力7400千米（4600英里）/16节

武器系统：1门76毫米（3英寸）口径“奥托·梅莱拉”小型火炮；1门双联装“布雷达”40毫米口径火炮；2座双联装导弹发射装置，配备4枚MM.40型“飞鱼”反舰导弹

电子系统：1部“海长颈鹿”50HC型对空/对海搜索雷达，1部“台卡”1226型导航雷达，1部9LV331型火控雷达，1部光电指挥仪，1部光学指挥仪，1部“短剑/天鹅座”电子监视系统/电子对抗系统，1部“达盖”诱饵发射装置

舰载机：1架欧洲直升机公司BO105型直升机

人员编制：43人

“勇猛”级巡逻快艇

阿根廷海军从德国吕尔森公司订购了原计划4艘中的第一批2艘“勇猛”级巡逻快艇——“勇猛”号和“不屈”号，第二批2艘快艇由于经费紧张而取消。“勇猛”号和“不屈”号分别于1973年12月和1974年4月下水，1974年7月和12月服役。

生产国：德国
排水量：满载排水量268吨
舰艇尺寸：艇长44.9米；艇宽7.4米；吃水深度2.3米
动力系统：4台MTU16V538TB90型柴油机，输出功率8940千瓦（11990轴马力），4轴推进
航速：航速38节，航程2700千米（1680英里）/20节
武器系统：1门76毫米口径（3英寸）火炮，2门40毫米口径火炮，2门20毫米口径火炮，2具533毫米口径（21英寸）鱼雷发射管
电子系统：1部“台卡”626型对海搜索和导航雷达，1部WM-22型光电指挥仪，1套M11型鱼雷火控系统，1套RDL-1型电子监视系统
人员编制：39人

“阿兹特克”级大型巡逻艇

海军“阿兹特克”级大型巡逻艇并没有什么特别之处，其作战能力与世界上其他国家海军的同类巡逻艇功能相似。作为首艇的“阿兹特克”号巡逻艇，经过2001年墨西哥海军的大规模调整后，舷号被修改为PC201，名字更改为“安德雷斯·奎恩塔纳·鲁”号。

生产国：英国
排水量：满载排水量148吨
舰艇尺寸：艇长34.4米；艇宽8.7米；吃水深度2.2米
动力系统：2台鲁斯顿·帕克斯曼公司制造的“瓦伦塔”12YJCM型柴油机，输出功率2240千瓦（3005轴马力），双轴推进
航速：航速24节，续航力2850千米（1770英里）/14节
武器系统：1门40毫米口径“博福斯”式火炮，1门“厄利空”20毫米口径火炮或1挺7.62毫米口径机枪
电子系统：1部“凯尔文·休斯”对海搜索雷达和导航雷达
人员编制：24人

“图利亚”级快艇

苏联的“图利亚”级快速攻击艇装备的4具533毫米口径鱼雷发射管也能携带反潜鱼雷，这样就能作为快速反应反潜型快艇，可以和岸基反潜飞机以及其他小型反潜水面舰艇协同进行海岸防御。苏联海军造了大约30艘该型快艇之后，有关建造工作于1979年终止。

生产国：苏联
排水量：满载排水量250吨
舰艇尺寸：艇长39.6米；艇宽7.6米；吃水深度1.8米
动力系统：3台M-503型、M-503A型或M-504型柴油机，输出功率为11175千瓦（14990轴马力），三轴推进
航速：航速超过40节，续航力2700千米（1680英里）/14节
武器系统：2具533毫米口径（21英寸）鱼雷发射管，配备2枚鱼雷；1门双联装57毫米口径（2.24英寸）火炮，1门双联装25毫米口径防空火炮，深水炸弹
电子系统：1部“鼓形桶”对海搜索雷达，1部“皮手笼”火控雷达，2套敌我识别系统，1部“驹尾”可变深度声呐
人员编制：30人

“隼”级通用巡逻艇

装备火炮和导弹的“隼”级快艇设计用于保护日本漫长的海岸线，它们具有极高的航速，能够在最短时间内到达某个作战区域。图中所示的是该级快艇的首艇“隼”号。

生产国：日本
排水量：满载排水量200吨
舰艇尺寸：艇长50.1米；艇宽8.4米；吃水深度4.2米
动力系统：3台通用电气公司制造的LM2500型燃气涡轮机，输出功率为12080千瓦（16200轴马力）；3台喷水推进器
航速：航速44节
武器系统：1门76毫米口径（3英寸）“奥托·梅莱拉”火炮，2挺12.7毫米口径机枪，4枚SSM-1B型远程反舰导弹
电子系统：1部对海搜索雷达，1部导航雷达，1部2-31型火控雷达，1套电子监视系统/电子对抗系统，诱饵发射装置
人员编制：18人，3名参谋人员

“达布尔”级海岸巡逻艇

以色列海军的34艘“达布尔”级巡逻艇建造于1973—1977年期间，其中的12艘是在美国西沃特造船厂建造的，另外22艘由以色列飞机工业有限公司下属的拉姆塔分公司建造。该级巡逻艇采用铝合金的艇体，设计用来执行战区间的海上运输任务。

生产国：以色列
排水量：满载排水量39吨
舰艇尺寸：艇长19.8米；艇宽5.5米；吃水深度1.8米
动力系统：2台通用汽车公司制造的12V-71TA柴油机，输出功率为625千瓦（840轴马力），双轴推进
航速：航速19节，航程825千米（515英里）/13节
武器系统：2具324毫米（12.75英寸）口径鱼雷发射管，配备Mk46反潜鱼雷；2门20毫米口径火炮；2挺12.7毫米口径机枪；2台深水炸弹投掷器
电子系统：1部对海搜索雷达，“埃罗普”光电指挥仪，1部声呐
人员编制：6～9人